Nancy Hoenisch · Elisabeth Niggemeyer

Heute streicheln wir den Baum

Kinder machen Naturerfahrungen mit Pflanzen, Tieren und mit ihrem eigenen Körper

Vorwort von Prof. Hellmut Becker
Nachwort von Prof. Jürgen Zimmer

Otto Maier Verlag Ravensburg

Dieses Buch ist die gekürzte Zusammenfassung
der beiden Bände:
„Heute streicheln wir den Baum", ISBN 3-473-60446-1
„Komm, liebe Spinne", ISBN 3-473-60447-X

5 4 3 2 1 90 89 88 87 86

Umschlaggestaltung: Ekkehard Drechsel
unter Verwendung von Fotos von Elisabeth Niggemeyer
Fotos: Elisabeth Niggemeyer
Layout: Buchherstellung des Otto Maier Verlages
Printed in Germany

ISBN 3-473-60470-4

Wir danken der Firma
Fachdienst Hans-Jürgen Niggemeyer,
Fachlabor und Mikrofilmtechnik in Bochum und Berlin,
für die kostenlose Anfertigung der Farbvergrößerungen
auf KODAK-Papier.

Vorwort

Es ist heute unstrittig, daß man durch Erlebnis, durch Erfahrung lernt, nicht nur durch Wiederholungen und Auswendiglernen. Aber wie wird das eigentlich im einzelnen gemacht? Wie kann man Erfahrung zum Gegenstand von Schule machen? Ist Schule und Erfahrung nicht ein Widerspruch? Der Band von Nancy Hoenisch und Elisabeth Niggemeyer gibt klare Antworten, er zeigt im Modell oder besser in einer Vielfalt einzelner Modelle, wie Erfahrung mit dem Ziel des Lernens gerade in der Vorschule durchgeführt werden kann. Damit erhalten auch die Eltern praktische Hinweise für den Umgang mit ihren Kindern.
Die hier vermittelte unendliche Fülle von Einzelerfahrungen passen sich der Entwicklung des Kindes an. Sie folgen ihr, und man kann sagen, Entwicklung, Erfahrung und Erkenntnis vollziehen sich fast in einer Einheit, aber unter sorgfältiger Berücksichtigung der Aufnahmefähigkeit des Kindes.
Wir wissen alle, daß wir in einer gespaltenen Welt leben. Zivilisation und Natur stehen einander gegenüber. Von der Bewegung „Zurück zur Natur" vor nun schon 100 Jahren bis zu den „Grünen" unserer Tage gibt es eine Fülle von Versuchen politischer, ideologischer und praktischer Art, die Kluft zwischen Mensch und Natur zu überbrücken. Aber weder wollen wir auf Heizung verzichten und im Winter in Höhlen leben und frieren, noch wollen wir auf unsere Verkehrsmittel und auf die vielen entlastenden Techniken, die uns davor bewahren, nur im Schweiße unseres Angesichts unser Brot verdienen zu können, verzichten. Andererseits kostet dieses Leben mit der Technik uns eine immer weitere Trennung von der Natur; der Mensch zahlt dafür mit Krankheiten und seelischen und körperlichen Belastungen, die heute immer deutlicher erkannt werden. Die harten Auseinandersetzungen um die Atomenergie und das Waldsterben, aber auch die Fülle der ständig neu entstehenden alternativen Bewegungen machen deutlich, wie schwierig der Mensch mit der Tatsache fertig wird, daß die Technik ihn zugleich befreit und in neue Ketten legt.
In dieser Situation erscheint ein Buch, das sich nicht mit den aktuellen Problemen unserer Zeit auseinandersetzt, sondern die Versöhnung zwischen Mensch und Natur im frühen Kindesalter anstrebt und damit eine Antwort auf Grundfragen unserer Zeit gibt. Deshalb gehört dieses Buch in die Hände aller Eltern, Lehrer und Erzieher, aber auch aller Sozialhelfer und aller in der Jugendarbeit Tätigen.
Das Buch zeigt uns im einzelnen, wie das kleine Kind, das seine unmittelbare Beziehung zur Natur in unserer Zivilisationswelt nicht mehr besitzt, diese frühzeitig wiedergewinnen kann; dabei wird es im einzelnen sensibilisiert, daß das, was einmal natürliches Verhältnis zur Wirklichkeit der Natur war, in ihm durch kindliche Erfahrung wiederhergestellt wird.
Damit werden entscheidende Schritte möglich, die für das ganze Leben des Menschen wichtig sind. Der Abbau von Angst, Ekel und Vorurteilen und die Fähigkeit zur Liebe und Hingabe hängen unmittelbar von der erzieherischen Arbeit ab, die in diesem Buch gezeigt wird. Was dem Kind hier in seinen Begegnungen mit der Natur geschieht, wirkt sich dann in seinem ganzen Leben auf seine Beziehungen zu allen Arten körperlicher Realität, insbesondere zu seinen Mitmenschen aus. Die Fähigkeit, Dinge nicht nur mit dem Kopf, sondern auch mit der Hand zu begreifen, wird genauso entwickelt wie die Zärtlichkeit in der körperlichen Berührung und die Überwindung der körperlichen Angst.
Die Fülle der Erfahrungen, die dieses Buch vermittelt, wendet sich auch an behinderte Kinder; sie helfen den Behinderten zu der Körperlichkeit, die für sie oft besonders schwierig zu gewinnen ist.
Das Buch ist ein Produkt langjähriger Erfahrung. Ich habe die Autorin, Frau Nancy Hoenisch, in ihrem Unterricht selbst beobachtet und weiß daher, daß hier nicht ein theoretisches Modell entfaltet, sondern eine langjährige Praxis für andere fruchtbar gemacht wird. Der Fotografin, Frau Elisabeth Niggemeyer, ist es geglückt, erzieherische Situationen im Bilde festzuhalten, was selten wirklich gelingt. Diese pädagogischen Modelle aus der Vorschule versuchen, das in unserer Welt Getrennte wieder zu verbinden. Ich kann nur wünschen, daß den Autoren gelingt, möglichst viele Eltern und Lehrer zur Nachfolge anzuregen; Hilfen dafür geben sie genügend. Das Buch zeigt, wie man in der Vorschule das Denken und Empfinden der Kinder mit der Natur und nicht gegen sie entfalten kann.

Prof. Dr. h. c. Hellmut Becker
Max-Planck-Institut für
Bildungsforschung

Inhalt

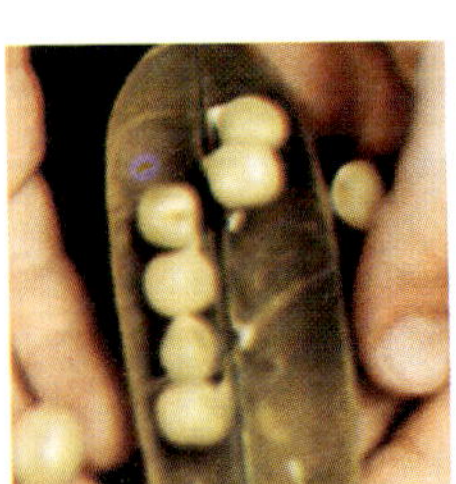

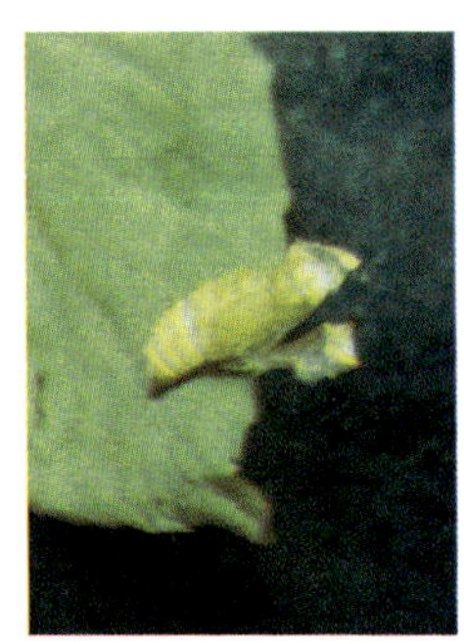

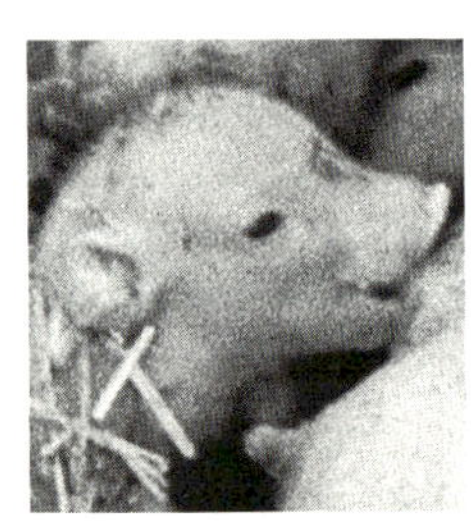

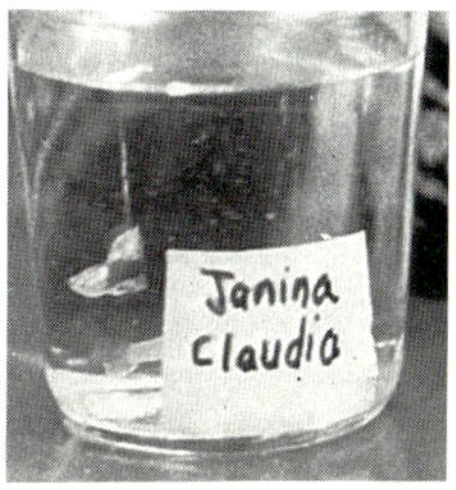
Janina
Claudia

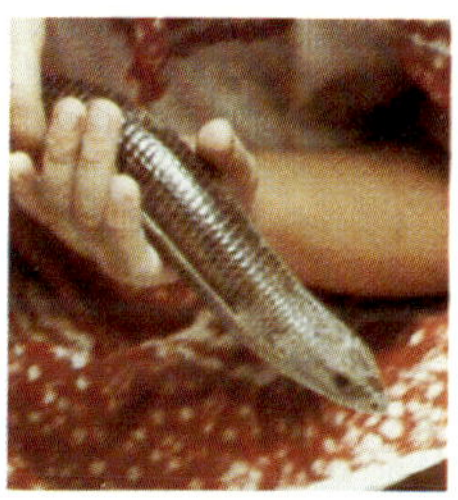

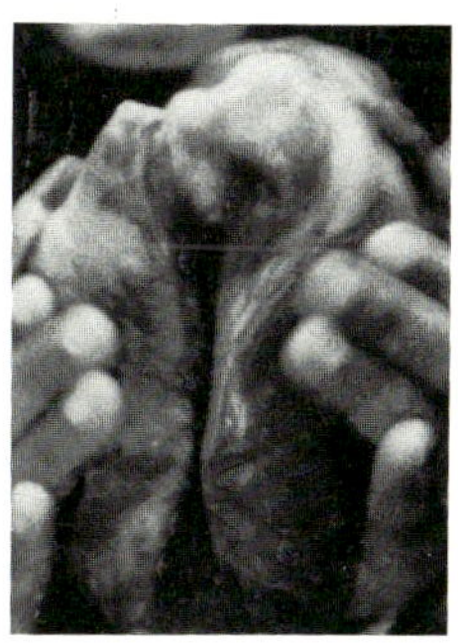

Einleitung

Jedes Jahr kommt eine neue Gruppe Vorschulkinder zu mir. Anfangs sind sie meistens scheu und ängstlich, sie wissen noch nicht, was von ihnen erwartet wird. Ich freue mich, wenn ich sehe, wie sich die Kinder im Laufe des Schuljahres verändern und selbstsicherer und ausgelassen die Klasse wieder verlassen. Sie haben erfahren, daß sie mit ihren Freuden und Ängsten, mit Nasebohren und Rotznasen, mit Lastexhosen oder zerrissenen Jeans durch und durch liebenswert sind. Auch die Kinder, die mich zunächst provozieren, werden gekuschelt und akzeptiert, und sie kuscheln und streicheln wieder. Alle erleben ein Refugium, in dem sie die hohen und manchmal falschen Erwartungen fallen lassen können. Sie lernen, sich selbst anzunehmen, die wichtigste Voraussetzung, um andere Menschen lieben zu können. Viele von uns haben ihre Urängste einfach zugeschüttet, und unsere Kinder übernehmen unbewußt Ängste und Ekel. Ich möchte aber, daß die Kinder liebevoll mit Würmern, Spinnen, Schlangen, Gewitter, Blut und Schleimhäuten umgehen können. So werden sie alles, was natürlich ist, auch ihren eigenen Körper, voll annehmen.
Eine solche Atmosphäre in der Vorschule soll den Kindern helfen, ihre Gefühlskräfte voll zu entfalten. Denn nur das phantasievolle, gefühlsstarke Kind ist kreativ, und nur der gefühlsstarke, schöpferische Mensch wird imstande sein, unsere Welt gut zu beeinflussen und unsere hochtechnisierte Gesellschaft mit ihrem Leistungsstreben und ihren Vereinsamungstendenzen zu verändern.
Die Beschäftigung mit der Natur ist die Zuflucht, die ich den Kindern anbiete. Obwohl die Natur so wichtig für uns ist, haben wir uns weit von ihr entfernt. Der angeborene Instinkt des kleinen Kindes ist stark. Wir sollten ihn entwickeln und ihm den Weg frei machen, anstatt ihn durch eine vorzeitige Überbetonung des Intellekts zu hemmen. Wenn Kinder den Rhythmus der Natur beobachten, können sie ihren eigenen Rhythmus entdecken und entwickeln und sich vom Irrationalen, scheinbar Unlogischen, aber Erfinderischen leiten lassen.

Kinder sind offen für alles

Kinder vertun keine Zeit damit, sich die Dinge anders zu wünschen, als sie sind. Hitze stört Kinder nicht: Sie ziehen sich einfach aus. Kälte ist willkommen: Sie schlittern oder wälzen sich im Schnee. Regen macht Spaß: Sie stampfen durch Pfützen und Matsch.
Kinder ekeln sich nicht vor Würmern, Raupen oder Spinnen: Sie beobachten sie und nehmen sie sogar auseinander, um sie zu untersuchen. Kinder haben keine Angst vor Unbekanntem: Sie wollen es kennenlernen. Ohne darüber nachzudenken, akzeptieren sie sich so, wie die Natur sie gemacht hat. Es gefällt ihnen, wenn sie schwarzhaarig sind, es gefällt ihnen, wenn sie rothaarig sind. Haben sie eine weiße Haut, ist es gut, haben sie eine schwarze Haut, ist es auch gut. So akzeptieren sie auch die Natur: Wenn sie die Möglichkeit haben, laufen sie durch Wälder, waten durch Bäche und fangen Salamander. Aber es genügt ihnen auch ein Baum, ein Strauch oder ein Stück Gras im Hof. Sie sind im Einklang mit Sonnenuntergängen, Blumen, Wasser und Tieren, ohne darüber nachdenken zu müssen.

Kinder brauchen Eltern, Lehrer und Erzieher, die voll Phantasie und Humor sind

Aber meist werden auf dem Wege zum Erwachsensein diese Fähigkeiten der Kinder zerstört. Falsche Erzie-

hungsziele zur falschen Zeit rauben den Kindern ihre Natürlichkeit, ihre ursprüngliche Bindung an die Natur, dafür lernen sie Angst und Ekel vor der Natur!
Eltern, Erzieher und Lehrer haben den entscheidenden Einfluß. Ihre Persönlichkeit ist für die Lernfähigkeit der Kinder wichtiger als Lesebücher, Laborausrüstung und Anzahl der Schulstunden. Lehren heißt: Liebe ausdrükken, obwohl das Wort „Liebe" in den Schulbüchern vermieden wird, als sei es etwas Anstößiges.
Kinder brauchen Erwachsene, die ihnen gestatten, fröhlich alles auszuprobieren, die wissen, wie gut plötzliche Einsichten sind gegenüber vorprogrammierten Lösungen.
Wenn ein Kind nicht sofort versteht, daß zwei und zwei vier ist, dann wird es das eben beim zweiten, dritten oder vierten Versuch verstehen. Keine Katze weint, wenn ihr eine Maus durch die Lappen geht. Sie versucht es wieder und wieder, bis sie es geschafft hat, denn sie hat Hunger. Keine Spinne webt ein „gelungenes" oder „mißlungenes" Netz, aber sie baut unbeirrt ein neues, wenn ihr altes zerstört worden ist. Wie also sollen Kinder fröhlich singen, spontan eine Geschichte erzählen oder ein Bild malen können, wenn es Noten dafür gibt und sie deshalb Angst haben zu versagen!
Kinder brauchen Erwachsene, die ihre Vorurteile, Gefühle und Ängste in Frage stellen. Ekel und Angst vor Insekten, Schlangen, Spinnen, Blut oder Ausscheidungen sind Einstellungen, Gefühle und Verhaltensweisen, die uns anerzogen worden sind und die wir Erwachsenen wiederum an unsere Kinder weitergeben. Auch mir ist es schwergefallen, nach Jahren anerzogenen Ekels eine Spinne in die Hand zu nehmen und sie über meinen Arm laufen zu lassen. Aber dann habe ich meine Angst und meinen Ekel überwunden – die Wißbegier der Kinder hat mir geholfen und unser gemeinsames Interesse, etwas zu untersuchen, was zu unserem Leben gehört.
Wir Eltern, Lehrer und Erzieher sollten ehrlich sein. Das heißt, wir sollten unsere Schwierigkeiten und Schwächen zeigen; dann geben wir den Kindern ein Gefühl von Echtheit und Identität. Genau das brauchen sie, um mit ihren Schwächen und Schwierigkeiten zurechtzukommen und Konflikten nicht auszuweichen. Gefühle wie Angst, Haß, Wut, Liebe, Eifersucht und Freude müssen nicht einfach über uns hereinbrechen, sondern wir können lernen, mit ihnen umzugehen. Die Menschen, die Probleme als Teil ihres Lebens akzeptieren, sind die weisesten.

Es ist wichtig, gemeinsame Erlebnisse und schulische Fächer miteinander zu verbinden

Nicht weil Natur zur Zeit „in" ist, versuche ich, sie den Kindern nahezubringen, sondern weil Kinder noch die Fähigkeit haben, die Natur ursprünglich zu erleben und in sich aufzunehmen. Gleichzeitig ist die Entwicklung der Sprache und der Vernunft nötig, denn ich will ja nicht, daß Kinder sich nur emotional entfalten. Die Begegnung mit der Natur ist auch die Voraussetzung für die Fähigkeit, Schlußfolgerungen zu ziehen durch logisches Denken.
Ich führe die Kinder von gemeinsamen Erlebnissen an alle Fächer heran. „Fächer" sage ich ganz bewußt, obwohl es schulisch klingt, aber kleine Kinder genießen Fächer wie Lesen, Schreiben, Rechnen, Musik und Kunst, wenn sie altersgerecht und spielerisch gelehrt werden. Manche Erlebnisse entstehen spontan: Als wir ein Schweinehirn für ein Theaterstück brauchten, bemerkte ich mein eigenes Unbehagen und beschloß ein neues Projekt: Unser Körper.
Ich will noch einmal auf die Fächer zurückkommen: Als wir unseren Baum beobachtet haben, mußten wir nicht unbedingt wissen, wie er botanisch heißt. Wir haben ein ganzes Jahr lang seine Veränderungen beobachtet, seine Rinde abgeformt, seine Blätter gestreichelt, ihn getröstet, als er seine Blätter verlor, versucht, uns vorzustellen, wie er sich fühlt, wenn er Winterschlaf hält, gejubelt, als er Knospen hatte und diese Knospen untersucht. Wir haben seine Größe gemessen und viele, viele Bilder von ihm gemalt, und die ganze Zeit über wußten wir nicht, daß unser Baum eine Buche ist! Bei unserem Baumerlebnis haben wir alle Fächer einbezogen: Kunst, Rechnen, Lesen, Schreiben, Musik – und die Konzentration haben wir auch gefördert. Ähnlich ist es beim „Salatfest": Wir beobachten Samen, die keimen; dann pflegen wir die jungen Pflänzchen und ernten schließlich den Salat. Die Kinder trauen sich zu, mit einem Messer – manche Kinder hatten zu Hause noch nie ein so großes in die Hand nehmen dürfen – Kräuter zu hacken; wir schmecken die Salatsauce ab und feiern ein Fest. Es gibt eine Salatkönigin – Anja hat sich das Brautkleid angezogen –, es werden Bilder gemalt. Dirk will unter sein Bild Salat schreiben, es wird also der Buchstabe „S" geschrieben, gelesen, gemalt, bis hin zum Wort Salat.
Es wird gerechnet: Wie viele Teller und Gabeln brauchen wir? Es wird getanzt. Im Mittelpunkt steht die Salatkönigin Anja, und jeder Lehrer, der seine Kinder gut beobachtet, weiß, wer es an diesem Tage braucht, die Hauptperson, Salatkönigin oder Salatkönig zu sein!

Der Prozeß ist wichtiger als das Ergebnis

Zum Schluß will ich ein Erlebnis erzählen, das mich sehr glücklich gemacht hat und eine große Bestätigung für mich war. Wir gingen am Ende des Schuljahres mit allen Vorschulklassen in den Zoo. Großer Andrang vor dem Affenkäfig – aber ich vermißte viele meiner Kinder. Dann sah ich sie am Wegrand um Tommy herum. Tommy hatte einen Käfer gefunden, dem offenbar ein Bein fehlte. Es wurden Vermutungen angestellt, ob ihm das weh täte und was zu machen sei, ob man ihn mitnehmen soll, ob man ihn gesund machen kann. Das war nicht alles. Die meiste Zeit im Zoo suchten die Kinder noch mehr Käfer, Insekten und Würmer, entdeckten kleine Blumen in der Wiese, sammelten Steine, sahen Vögel in den Bäumen und fragten mich, warum die Menschen die Tiere einsperren und sie nicht da leben lassen, wo sie geboren sind, zusammen mit ihren Familien. Birthe sagte, sie will Zoodirektor werden, und dann würde sie in der Nacht alle Tiere freilassen und nach Hause schicken.

Das gehört zu unserem Programm

Ekel und Angst können abgebaut und ersetzt werden durch Kenntnis und Respekt. Wir brauchen es, daß wir auf die Natur *hören,* daß wir auf sie *aufpassen* und für sie sorgen, und daß wir auf uns aufpassen und *füreinander sorgen.* So können wir auf die Welt einwirken und sie in kleinen Stückchen verändern. *Berühren* ist wichtig, uns gegenseitig und die Natur. *Anfassen* mit Worten, Lächeln, Händen und Taten. Auch, daß die Kinder sich öffnen, daß sie etwas *wagen,* selbst auf die Gefahr hin, nicht akzeptiert und geliebt, sondern abgelehnt oder verletzt zu werden. Sie sollen sich *nach vorn wagen,* um die eigene Grenze zu spüren – sie sollen sich und anderen viel *zutrauen.* Sie sollen *sich erkennen* als etwas Einzigartiges und den anderen ebenso. Sie sollen *sich lieben,* dann können sie auch *den anderen lieben,* wobei das Wort „Liebe" vieles meint: bewußtmachen, in sich aufnehmen, annehmen, erkennen, bestätigen – all das, was wir brauchen, um wirklich leben zu können.

Wir wollen auf uns aufpassen und füreinander sorgen.
Wir wollen uns nicht nur mit den Händen anfassen, auch mit einem Lächeln, mit Worten, mit Taten. Etwas empfangen ist schön, aber auch geben und teilen. Wir wollen zusammen lachen, uns streicheln, uns schaukeln lassen, wenn wir traurig sind. Wir wollen viel wagen, uns viel zutrauen, den anderen auch viel zutrauen.
Wir wollen den Ängstlichen Mut machen, wir wollen sie loben für das, was sie können. Wir wollen uns gegenseitig vertrauen und uns lieben.

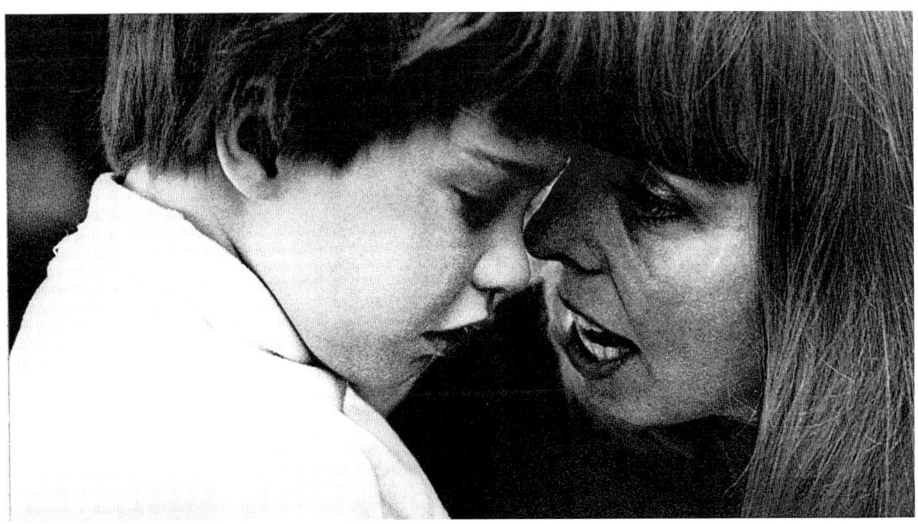

Liebe meint: aufnehmen, annehmen, erkennen, bestätigen

Heute streicheln wir den Baum

Wenn meine Kinder zu Beginn des Schuljahres in unseren Klassenraum kommen, erkläre ich ihnen die verschiedenen Ecken, unsere Lernkojen, die Materialien darin und die Grundregeln, damit umzugehen. In der Bücherecke steht ein Baum, ein Hibiskusbaum.
Ich erzähle den Kindern, daß er schon seit fünf Jahren an dieser Stelle steht und viele Kinder gesehen hat, daß er von ihnen gepflegt, geliebt und gestreichelt worden ist, und daß er am besten gedeiht, wenn er *leise* Stimmen um sich hat. Fühlt er sich richtig wohl bei uns, dann blüht er, – darauf müssen wir aufpassen.
Sofort ist der Baum bei uns ein Wesen im Raum – er ist unser Wächter, und wir sind seine Wächter. Sorgfältig wischen die Kinder seinen Staub ab und reden zärtlich mit ihm. Ein bißchen Wasser trinkt er jeden Tag, und wenn wir ganz leise sind beim Gießen, hören wir ihn schlürfen. Einmal war er krank, er hatte Läuse an seinen Wurzeln, da mußte er in den Botanischen Garten, um gesund zu werden. Seine Wiederkehr wurde gefeiert.
Gleich zu Beginn des Schuljahres haben wir uns im Park bei der Schule einen Baum ausgesucht, der draußen *unser* Baum sein soll und den wir das Jahr hindurch beobachten wollen. Wir haben ihn 1 Jahr lang geliebt, ohne zu lernen, daß er eine Buche ist. (Das sollte die Lehrer ermutigen, die wegen mangelnder Biologiekenntnisse Angst vor Naturerlebnissen haben.)
Die kindliche Phantasie kann sich Bäume als lebendige Wesen vorstellen; Kinder verstehen, wie ein Baum sich bewegt, wie er nach Wasser und Sonnenlicht dürstet. Sie können sich in ihn hineinversetzen und seine Bewegungen nachahmen, wenn sie ihre Körper hochaufrecken und mit den Armen schwingen.
Jeden Tag im Kreis erzähle ich vom Baum: daß er Wurzeln hat, die ihn an seiner Stelle festhalten – aber wenn er seine Zweige und seine Blätter bewegt, macht er es so, wie ein Tier, das seine Krallen gebraucht.
Die Bäume wachsen da, wo sie einmal stehen und müssen sich an die Gegebenheiten anpassen, auch an ungünstige, oder sie sterben. Wissenschaftler haben entdeckt, daß Pflanzen Empfindungen haben und Fähigkeiten, mit uns in Verbindung zu sein, die noch nicht genügend erforscht sind. Ich erzähle den Kindern, daß Bäume zittern, wenn ein Mensch mit einer Axt oder auch nur mit einem kleinen Messer auf sie zukommt. Ich sage, daß wir zuhören wollen, wie die Wurzeln sich in der Erde drehen, um Wasser zu suchen.
An einem anderen Tag erzähle ich von den vielen verschiedenen Waldbewohnern, die in einem Baum ihr Zuhause finden können: Die ersten Wohnungen bauen sich die Ameisen, dann kommen Specht und Käfer. Käfer, die die kleineren Bewohner verspeisen und für ihre eigenen Familien eine größere Wohnung schaffen. Manchmal kommen andere Tiere wie Mäuse oder Eichhörnchen und vertreiben den Specht. Vielleicht kommt auch eine Eule und besetzt eine zerfallene und größer werdende Baumhöhle. Schließlich kommt vielleicht sogar der Waschbär und baut seine Wohnung. So teilen sich viele Waldbewohner einen einzigen Baum, aber jeder hat sein eigenes Zuhause.
Unser Baum, den wir im Park aussuchen wollen, soll „unser" Haus sein, wenn wir Spechte, Eulen oder Kaninchen wären – er soll also in einer Umgebung stehen, die wir gerne hätten und die uns auch gefallen würde, wenn wir ein Baum wären. Vorher zeichnen die Kinder noch in der Klasse diesen Wunschbaum (die Zeichnungen haben wir später mit den Bildern verglichen, die wir im Laufe des Jahres von unserem Baum gemacht haben und die immer mehr Einzelheiten erzählten).
Wir nehmen selbstgemachte Ferngläser mit (zwei leere Klopapierrollen zusammengeklebt) und eine Art Kamera (einen kleinen Papierkarton, an beiden Enden offen), um nur einen bestimmten Ausschnitt des Baumes zu betrachten und alle anderen ablenkenden Eindrücke auszuschließen. Die Kinder entdecken einen Baum, der in einer Talsenke liegt und viel Sonne bekommt, das soll „unser Baum" sein. Wir gucken ihn genauer an, weil wir ihn später in der Klasse malen wollen.

Was wir alles mit unserem Baum erleben:
Wir legen uns um den Baumstamm und sprechen über die Ähnlichkeit zwischen Bäumen und Menschen und über die verschiedensten Baumbewohner.
Wir sammeln seine Blätter und machen Reibdrucke, auch von seiner Rinde: Ein Stück Papier wird fest gegen die Rinde gedrückt und mit einem dicken Wachsstift reiben wir darüber, dann schneiden wir aus diesem Rindenabdruck einen Baum aus, kleben ihn auf einen großen

Es ist September. Wir spielen, daß wir Tiere sind, die ihr Haus suchen. Im Park nebenan finden wir es, einen Baum. Wir wollen unseren Baum lieben, hegen und das ganze Jahr hindurch beobachten. Susanne hat keine Lust dazu, sie zeigt uns, daß ihr Bär ein schönes Haus im Pappkarton gefunden hat.
In der Klasse malen wir den Baum. Wir spielen, daß unsere Beine die Baumwurzeln sind, die nach Wasser suchen.

Bogen und ordnen darum herum Reibdrucke von Blättern und Blattabdrücke in allen Farben an. Wir wollen einen Gipsabdruck von der Baumrinde machen, damit wir ein Stück von unserem Baum in der Klasse haben. Wir nehmen einen Riegel Knete, etwa 3 cm dick. Wir befestigen die Knete an einem Teil „unseres Baumes". Dann nehmen wir den Abdruck vom Baum ab, legen ihn auf einen runden, flachen Teller und gießen Gips darüber. Wenn der Gips abgetrocknet ist, nehmen wir die Schablone ab und bemalen den Gips wie die richtige Baumborke.

Langsam verändert sich die Farbe der Blätter, und ich erzähle den Kindern, daß sich die Blätter auf die einzige Reise ihres Lebens vorbereiten, die Reise zum Erdboden. Wir sehen zu, wie sie tanzen und schwingen im Wind, als hätten sie Freude an ihrer gewonnenen Freiheit. Den Kindern macht es Spaß, so zu tun, als seien sie Blätter im Wind. Sie verstecken sich im Blätterhaufen und genießen den Geruch trockener Blätter und machen eine Blätterschlacht. Susannes Haar ist voller brauner Blätter. Nachher in der Klasse legen wir eine Platte auf und die Kinder sind die Blätter, die herumwirbeln.
„Baum" ist eines der ersten Wörter, das die Kinder aufschreiben. Einige schreiben das Wort ab, andere merken sich nur den Anfangsbuchstaben B. Ich nutze die Gelegenheit, den Buchstaben B und seine Laute durchzunehmen. Wir flüstern B-Wörter, um die Explosion auf unseren Lippen zu spüren. Dann sagen wir alle unseren Namen, als ob wir ein B als Anfangsbuchstaben hätten – Bancy Boenisch – darüber müssen wir sehr lachen. Baby, Banane, Butter, Brot – eine lange Liste entsteht. Schließlich setzen wir uns alle in einem Kreis auf dem Boden ganz eng aneinander und schreiben auf den Rücken unseres Nachbarn ein großes und ein kleines B. Das kitzelt so! Ich kann gut im Kreis herumlaufen und feststellen, wer richtig von oben anfängt. Dann schreiben wir alle auf unserer Handfläche das gleiche.

Die Blätter fallen von den Bäumen, weil der Baum aufgehört hat, Wasser zu trinken. Die Blätter, die auf dem Boden liegen, werden zum Heim für Millionen kleiner Insekten. Eichhörnchen und Mäuse wieseln hin und her und suchen Samen, Nüsse und Bucheckern und benutzen die braunen Blätter als Versteck vor ihren Feinden. Die Insekten knabbern die Blätter an, die vermodern und wieder zu Erde werden. Jahr um Jahr wirft unser Baum sein Laubwerk ab. Wir stellen uns die Berge vor, die entstünden, wenn die Blätter nicht verstreut würden.
Als der Baum kahl geworden ist, untersuchen wir genau die Zweige. Schon sieht man die Knospen, aus denen im kommenden Frühling die neuen Blätter wachsen werden. Wir schneiden eine von ihnen auf und entfalten sie vorsichtig: Wir können ein winziges Blatt erkennen! Bald wird „unser Baum" knospen und blühen. Wir zeichnen „unseren Baum" im Frühling und vergleichen die Bilder mit denen vom Herbst und vom Winter.

Wie groß ist unser Baum? Wir alle stehen im April davor und raten herum. Ich nehme einen Bleistift, halte ihn mit ausgestrecktem Arm vor mich und gehe so weit vom Baum weg, bis der Bleistift die gleiche Länge zu haben scheint wie unser Baum. Dann drehe ich ihn in die Waagerechte, seine Spitze zeigt jetzt auf die Mitte der Baumbasis, und ich bitte Sonja, so weit weg vom Baum zu gehen, bis sie anscheinend das andere Ende des Bleistifts erreicht hat. Die Kinder sind gespannt – manchen ist es zu kompliziert und sie rennen schon zu Sonja. Jetzt messen wir die Entfernung von der Mitte des Baumes zu Sonja, – das dauert lange, weil jeder einmal messen will, aber Sonja steht geduldig und ihrer Wichtigkeit ganz bewußt an ihrer Stelle. Als die Kinder sie mit dem Metermaß erreicht haben, wird sie umarmt und geküßt. Wir wissen jetzt: Unser Baum ist etwa 25 Meter hoch! Wie alt ist unser Baum? Wir fanden einen Baumstumpf im Park, der ungefähr den gleichen Umfang hat, wir zählten 59 Jahresringe! Vielleicht ist unser Baum genauso alt. Es gibt Bäume, die zehnmal, ja hundertmal so alt sind. Unser Baum ist noch jung, er ist genauso alt wie Dirks Großvater, finden wir raus. Dann hat er den großen Krieg noch miterlebt, in dem der Großvater Soldat war. Wie groß wird wohl ein Baum sein, der so alt wie Sonjas Mutter ist? Das ist unsere Rechenstunde.
Wir suchen im Park nach einem anderen Baum, der die gleiche Rinde und die gleichen Blätter hat. Wir finden einige davon, die genauso groß sind wie unser Baum und einen, der viel größer ist. Der große muß die Mutter unseres Baumes sein und die gleichgroßen die Geschwister. Wir machen ein kleines Buch über die häufigsten Bäume. Ich zeichne Blatt und Samen, und wir nehmen das Buch auf unsere Streifzüge mit, sammeln Blätter und Früchte von den Bäumen, die wir finden, und kleben sie später in der Klasse in unser Buch.
Immer wieder zeichnen die Kinder unseren Baum. Jedesmal enthalten die Bilder mehr Einzelheiten des wirklichen Baumes. Die Kinder haben ihren Baum verinnerlicht. Sie lieben ihn. Die Vorschule geht zu Ende. Im Frühsommer sitzen wir im Schatten unseres Baumes. Die Kinder sind gewachsen, er ist gewachsen, wir haben es miterlebt. Er ist unser Freund geworden.

Drei Wochen später. Sascha sagt: „Unser Baum trinkt nicht mehr!" Ich erzähle, daß seine Rinde tot ist und abbröckelt, weil sie nicht wachsen kann und das Holz, das sich ausdehnt, sie sprengt. Erin streichelt die Rinde. Wir kleben Laternen aus seinen schönen Blättern und ziehen am Abend singend um ihn herum und trösten ihn.

Wir würden gerne ein Stück Rinde mit in die Klasse nehmen, aber dem Baum soll es nicht wehtun. Deshalb machen wir einen Gipsabdruck. Dasselbe machen wir auch mit den Blättern.

Es ist Winter. Alistair sagt: „Unser Baum bibbert richtig, so kalt ist ihm. Der wacht nur auf, um seine Kinder zu sehen!" Wirklich, Susanne entdeckt so einen Kinderbaum gleich nebendran, der hat die gleichen Zweige und Knospen und die gleiche Rinde! Wir tanzen, singen und umarmen unseren Baum, damit er sich freut. Nancy hängt eine halbe Kokosnuß für die Vögel auf.

5
AFF

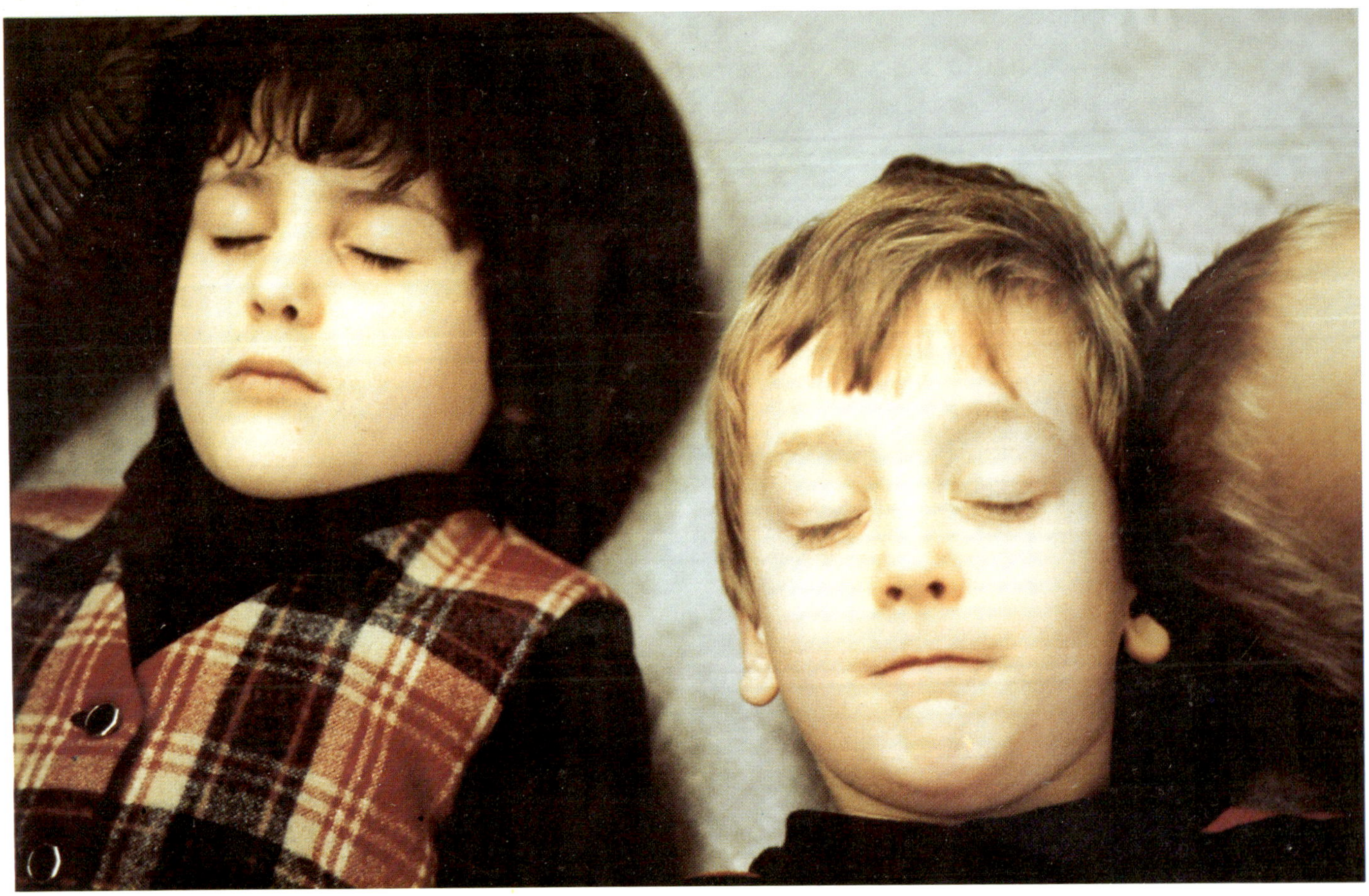

Heute Morgen hat es geschneit. Wir stellen uns vor, wie unser Baum sich fühlt in seinem weißen Mantel. Dazu legen wir uns im Kreis hin und wollen ganz tief atmen und an unseren Baum denken, die Augen zu! Erin fragt: „Weiß der wohl, daß wir an ihn denken?“
Jan sagt: „So was Doofes mach' ich nicht!“ Aber ein bißchen später hat er seine Augen geschlossen.

Was wir vormittags machen

Montag, 1. September

9.00 Uhr Wir beginnen, wie immer, mit unserem Kreisgespräch und singen das Lied „Guten Morgen". Danach fädeln wir unsere „Anwesenheitskugeln" auf, getrennt für Jungen und Mädchen. Wir stellen fest, wie viele Kinder heute da sind, vergleichen die Zahl der Kinder mehrmals mit der Anzahl der Kugeln, damit alles stimmt. Danach vergleichen wir die Zahl der Kugeln für die Mädchen mit der für die Jungen. Wir üben „mehr" und „weniger".

9.20 Uhr Ich beginne, die neuen Kinder mit unseren Materialien vertraut zu machen. Heute lernen sie Bauklötze, die Malecke und den Sandtisch kennen.

9.35 Uhr Freies Spielen:
Jeder sucht sich etwas aus und fängt leise an zu spielen.

10.40 Uhr Wir räumen auf und treffen uns anschließend in der Bücherecke, um über die Regeln beim Spielen und Aufräumen zu sprechen. Ich lobe dabei viel.

10.55 Uhr Wir schauen unser Aquarium an und finden zwei neue Frösche. Wir singen den Fröschen ein Lied vor und bestimmen, wer sie in dieser Woche füttert.

11.10 Uhr Wir frühstücken und sprechen anschließend über Adverbien und Präpositionen. Dies tun wir mit Fragen und Antworten, zum Beispiel „Wer sitzt neben dir, Georg?"

11.25 Uhr In unserer Bücherecke schauen wir die Geschichte von Leo Lionni „Fisch ist Fisch" an.

11.40 Uhr Wir gehen nach draußen und spielen im Freien. Dazu nehmen wir Instrumente mit.

12.00 Uhr Wir kommen kurz zu unserem Abschiedskreis zusammen.

Dienstag, 2. September

9.00 Uhr Wir kommen zum Kreisgespräch zusammen und singen unser Lied „Guten Morgen". Anschließend stellen wir mit unseren „Anwesenheitskugeln" wieder fest, wie viele Kinder heute da sind und wie viele fehlen.
Ich führe den Kalender ein:
Wir suchen den richtigen Monat und den richtigen Wochentag. Über den Dienstag heften wir die Zahl 2. Wir sprechen über das Wetter heute und malen es in den Kalender. Danach vermerken wir die beiden Kindergeburtstage im September mit 2 Bildern von Geburtstagskuchen. Zum Schluß zeichnen wir noch den Herbstanfang ein, und ich bitte die Kinder, zu Hause mit ihren Eltern darüber zu reden, was sich im Herbst alles verändert.

9.15 Uhr Ich beginne, die Kinder mit dem Schulgebäude vertraut zu machen, damit einige Kinder ihre Angst davor verlieren. Wir sprechen über: „Wer reinigt das Gebäude?", „Wer leitet die Schule", „Wer stellt die Heizung an und wie?".
Jeden Tag werden wir nun so im Gebäude herumspazieren und mit dem Hausmeister, dem Schulleiter, den Reinigungsfrauen und den Sekretärinnen über ihre Aufgaben sprechen.
Wir vergleichen die Schule mit einer Familie. Wir singen das Lied „Wir fahren nach Amerika".

9.30 Uhr Wir gehen ein bißchen draußen spazieren und fassen unsere Erlebnisse im Schulgebäude kurz zusammen.

Unsere grünen Mitbewohner, die Pflanzen

Wie haben zwei Möglichkeiten: Entweder kaufen wir uns eine Pflanze von einem Meter Höhe und stellen sie in unseren Raum, oder wir kaufen Samen und ziehen selbst eine Pflanze. Das erste ist so, als würden wir ein schon ausgewachsenes Kind adoptieren. Die Freude, das Verstehen, das Miteinander-Teilen, die Liebe sind tiefer, wenn man von Anfang an zusammen ist.

Es gibt keinen besseren Weg, Kindern die Einstellung, das Bewußtsein, die Neugierde und die Liebe zur Natur zu vermitteln, als mit ihnen gemeinsam Erfahrungen und Schwierigkeiten in der Arbeit mit der Natur zu teilen, ihnen die Chance zu geben, über das Werden einer einzigartigen Pflanze zu wachen, sie zu hegen und zu lieben.

Vielleicht glaubt ein Lehrer, ein Erzieher, ein Vater oder eine Mutter, sie hätten keine glückliche Hand mit Pflanzen oder verstünden zu wenig davon; vielleicht verschieben sie es, bis sie mehr Zeit oder mehr Geld haben, um bessere Geräte zu kaufen. Dann aber werden Samen, Töpfe und Erde höchstwahrscheinlich nie gekauft. Je weiter wir von der Natur oder einem Garten entfernt sind, desto intensiver sollten wir sie aufsuchen. Wir sollten Möglichkeiten finden und nutzen, mit den Kindern das Wunder des Wachsens zu erleben. Fangen wir gleich an!

Töpfe verschiedener Größe, Handschaufeln, Pflanzenerde und Samen in einer Ecke des Klassen- oder Gruppenzimmers oder des Hauses sammeln! Das Samenkorn setzen und das Wachsen der Pflanze beobachten! Dem ganzen Kreislauf der Natur folgen: vom Samen der Pflanze zur Blume, zur Frucht und wieder zum Samen!

Wir müssen den Kindern erlauben, Samen ins Haus und ins Klassenzimmer zu bringen – sie auffordern, ihre Taschen mit Grassamen zu füllen und überall dort auszustreuen, wo sie einen nackten Platz Erde sehen! Ich habe ein kleines Tablett mit Grassamen an der Tür zum Klassenzimmer angebracht und darauf geschrieben: „Mach die Welt grün!"

Auf einer Liste sind für jede Woche zwei Helfer eingetragen, die für den täglichen kleinen Wasserguß verantwortlich sind. Alle Kinder sorgen dafür, daß die Pflanzen nur wenig Lärm ausgesetzt sind; denn wir glauben fest daran, daß Pflanzen besser gedeihen, wenn sie freundliche, sanfte Kinderstimmen hören. Von Zeit zu Zeit müssen ihre Blätter vorsichtig abgewaschen werden, und wir müssen mit Liebe an sie denken, wenn wir sie streicheln. Es ist durchaus üblich, daß die Kinder in der Bücherecke sitzen und unseren Baum streicheln. Sie sprechen sogar mit ihm: „Das gefällt dir, Baum, stimmt's?" Brian zeigt uns eine Blüte und sagt: „Wir müssen ganz schön ruhig gewesen sein."

Wir glauben, daß Pflanzen fühlen, hören, atmen, und wir sorgen für sie wie für andere lebendige Dinge. Wir wissen, daß Pflanzen genauso wie Menschen und Tiere Kinder bekommen, und nachdem ich die Funktion von Stempel, Pollen und Ei einer Tigerlilie erklärt habe, beschließt Wanda, eigenhändig der Befruchtung nachzuhelfen. Sicher ist sicher, sagt sie, es gibt doch hier keine Bienen, und die männlichen und weiblichen Teile sind so weit weg voneinander!

»Ich sehe, wie meine Pflanze atmet!«

Wir glauben fest, daß Pflanzen besser gedeihen, wenn sie freundliche, sanfte Kinderstimmen hören. Von Zeit zu Zeit müssen ihre Blätter vorsichtig abgewaschen werden, und wir müssen mit Liebe an sie denken, wenn wir sie streicheln.
Brian zeigt uns eine Blüte an dem Hibiskusbaum und sagt: „Nancy, wir müssen ganz schön ruhig gewesen sein, was?“

Wir glauben, daß Pflanzen fühlen, hören und atmen wie wir, – wir wissen, daß sie Kinder bekommen. Mit dem Vergrößerungsglas können wir ihre Organe erkennen.

Ich habe den Kindern erzählt, daß die schmutzige Luft durch die Blätter hindurch geht und als guter Sauerstoff wieder herauskommt.

Unser Garten wird fertiggemacht

Im Herbst muß der Garten für das Aussäen im Frühjahr vorbereitet werden. Wir brauchen: Gartenstiefel für alle Kinder – sie bleiben am besten in der Schule stehen –, für jedes Kind eine kleine Schaufel, zwei große Spaten für Erwachsene, einen Rechen und einen Eimer.
Zuerst wollen wir das Gartenstück, das bepflanzt werden soll, abstecken, damit nicht darauf herumgetrampelt wird. Wir nehmen dazu 4 Pfähle, treiben sie in den Boden und spannen eine Schnur. Wir graben die Erde um, ziehen das Unkraut heraus und können jetzt die Erde auflockern. Ich sage den Kindern, daß diese Erde nicht sehr gut ist und wir uns sehr um den Mutterboden kümmern müssen, wenn unsere Pflanzen gedeihen sollen. Wir brauchen gesunde Erde, zusammengesetzt aus den richtigen Bakterien, Pilzen und Regenwürmern und ohne chemische Mittel. Wir müssen dazu organische Stoffe – das sind solche, die einmal gelebt haben – wieder zurück in die Erde bringen: Nahrungsreste, Kartoffelschalen, Eierschalen, Apfelgehäuse. Also bitten wir die Eltern, Abfälle in die Schule zu schicken. Keine Angst – zuviel wird es nicht –, nur wenige Eltern erfüllen diese Bitte.
Dann zeige ich den Kindern, wie sie die Abfälle vergraben können: Am Tag vorher ein Loch graben, es dann mit Abfall auffüllen, ein bißchen gesammeltes Laub zerbröseln und dazustreuen. Wichtig ist, daß wir tief graben, mindestens 20–30 cm. Das alles soll getan sein, bevor der erste Frost kommt. Da wir mehr Abfälle haben, als wir vergraben können, machen wir uns einen Behälter für Kompost: In einem großen Plastiksack sammeln wir abgeschnittenes Gras, Blätter und Abfälle, darüber schütten wir ein bißchen Kalk und warten bis zum nächsten Frühjahr, um den schönsten Dünger zu haben.
Die Hauptzutaten für unseren Boden sind aber Spaß und Liebe, und wenn wir die beiden mit Kompost und Wasser mischen, wird unsere Erde locker, luftig und bröcklig werden und gesunde Pflanzen hervorbringen.

Zum Abschluß stecken wir Blumenzwiebeln am Rande unseres Gartens, denn wir möchten im nächsten Frühjahr einen bunten Garten haben. Warum sollen wir die Zwiebeln immer in Reihen stecken? Wir machen einen Narzissenmann, der uns fröhlich zuwinkt, wenn er aus der Erde kommt:
Mark legt sich auf die Erde, und wir umringen ihn mit einer Schnur. Danach stecken wir entlang der Schnur in ca. 6 cm Abstand und so, daß die Körperkonturen richtig betont werden, die Narzissenzwiebeln.
Fast vergessen liegt nun unser Blumenmann bis zum März im Boden – bis die Kinder eines Tages ihren gelben Narzissenmann entdecken. Alle möchten sich nun in die Blumen legen und wie der Narzissenmann sein, ihn von unten spüren, sehen, riechen. Andere Klassen kommen und rätseln, woher der fröhliche Mann wohl gekommen ist. Wir schmunzeln und freuen uns.

Als wir unseren Garten für das Frühjahr vorbereiten, denken wir uns noch eine Überraschung aus. Mark legt sich auf den Boden, und sein Umriß wird von den Kindern mit einer Schnur nachgelegt. Nachdem er aufgestanden ist, stecken wir auf die Linie seines Umrisses im Abstand einiger Zentimeter jeweils eine Narzissenzwiebel. Nun sind wir gespannt, ob unser Narzissenmann uns im Frühjahr zuwinken wird.

Wir finden Regenwürmer

Beim Umgraben in unserem Garten finden die Kinder ein paar Regenwürmer oder Teile davon. Mark ist der erste, der sie in die Hand nimmt und jedem zeigt. Er holt sofort das Vergrößerungsglas, um zu sehen, ob Regenwürmer Augen haben. Nein, sie haben keine! Er glaubt, auf ihrer Unterseite Borsten zu erkennen.
Ich habe den Kindern erzählt, daß der Regenwurm sich damit vom Boden abstößt, wenn er vorwärtskriecht.
Mark ist ganz sicher, daß er sie fühlt, und er sagt, daß sie kalt und feucht sind.
Die Haut des Regenwurms läßt Feuchtigkeit ein- und austreten. Wenn die Erde zu trocken ist, stirbt der Wurm. Wenn sie zu naß ist, versucht er, an die Oberfläche zu flüchten. Wenn er in eine Pfütze kommt, ertrinkt er.
Regenwürmer kriechen in die Erde, indem sie sie fressen, mit ihrem Schleim vermischen, den sie produzieren, und dann scheiden sie die Erde wieder aus.
Wir basteln eine Holzschachtel, um in der Gruppe ein paar Tage lang Regenwürmer zu beobachten.
Tommy und Scott nehmen einen langen spitzen Stock, stoßen ihn in die Erde und stochern darin herum, bis ein Regenwurm herauskriecht. Sie stellen fest, daß Regenwürmer empfindlich auf Erschütterungen reagieren.
Wir wollen mehr als einen Regenwurm haben, also streuen wir etwas Maismehl auf die Erde und decken über Nacht Jutestoff darüber. Am nächsten Tag finden wir darunter einige Würmer und legen sie in unsere Schachtel.
Wir füttern unsere Regenwürmer mit Maismehl, kleinen Brotstückchen und mit Gras. Wir halten die Erde feucht, aber nicht zu naß, und decken die Schachtel ab. Alle paar Tage kippen wir die Erde auf einem Stück Pappe aus, um zu sehen, ob schon Kokons oder kleine Regenwürmer da sind. Leider finden wir keine.
Wir waschen einige Würmer und versuchen, mit einem Vergrößerungsglas die Segmente zu zählen. Sebastian zählt vom Mund bis zu dem dicken Ring in der Mitte (Klitellum) 33, gibt dann aber auf.
Die Würmer werden ziemlich viel herumgetragen. Ich glaube, jedes Kind hat seinen Ekel überwunden und mindestens einmal einen Wurm in die Hand genommen.
Wir bringen die Würmer wieder in unseren Garten und wünschen uns, daß sie jetzt helfen, unseren Garten fruchtbar zu machen.

Wir sammeln Samen

Stellen wir uns vor, wir wären alle Eichhörnchen und wir hätten ein besonderes Lagerhaus für alle Samenarten, die wir sammeln. Und stellen wir uns vor, daß wir in der Eichhörnchenschule unseren Kindern beibringen wollen, welcher Same gut schmeckt, welcher an unserem Fell haftenbleibt, welcher nur schön zum Ansehen und welcher ungenießbar ist: „Wie können wir alle diese Samenarten, die ihr fleißigen Eichhörnchen in die Schule bringt, einordnen?"
„Geht und bringt mir alle Arten von Samen, die ihr finden könnt – aber nicht die, die es zu kaufen gibt, sondern die, die es in der Natur gibt: Erbsenhülsen, Platanenbällchen, Kiefernzapfen, Eicheln, Bucheckern." Das sind Natursamen. Sie haben ihre eigene wunderbare Schutzhülle, die ein Samen braucht, um keimen zu können.

Wir kleben diese wunderschönen, komplizierten Samenhüllen auf Pappe und schreiben ihre Namen dazu, damit unsere jungen Eichhörnchen lernen, sie zu erkennen. Und natürlich müssen sie lernen, welche Samenarten nicht gut sind (einige Beeren sind gefährlich für Menschen, aber für Tiere genießbar). Zum Beispiel dürfen sie zwei unserer Weihnachtsdekorationen – die Stechpalme und die Mistel – oder Liguster, Schneebeere, die weiße Zaunrübe und einige gefährliche Nachtschattengewächse nicht anfassen! „Aber genießt Holunder, Brombeere, Wacholder, Hundsrose, Eberesche und Elsbeerbaum. Und welche anderen Samen essen wir noch?" Es kommt eine stattliche Sammlung zusammen – fast 22 verschiedene Arten: vom Kümmel über Puffmais, Pfefferkörner, Bohnen, was ihr wollt.
Und dann machen wir ein Samenfest: Wir haben Getreidekörner – auch Weizen, den wir mit Nüssen und Honig rösten –, Sonnenblumenkerne und Erbsen gesammelt. Wir essen auch ganze Samenhüllen und werfen statt dessen den Samen weg, wie zum Beispiel bei Pfirsichen und Äpfeln. Oder wir essen beides – Schalen und Samen –, wie zum Beispiel bei Bohnen, Erbsen, Tomaten, Gurken.

Wie findet nun der Samen seinen Weg vom Elternbaum zu einem günstigen Platz zum Wachsen? Früchte fallen auf den Boden, das Fruchtfleisch fault, und der Same gelangt in die Erde. Oder die Frucht wird von Vögeln gefressen, und ihr Same wird durch die Vogelexkremente manchmal meilenweit verstreut. Oder er wird von Eichhörnchen weggetragen, von Insekten umhergestoßen, vom Wind verweht oder von Bächen und Flüssen weggeschwemmt. Manchmal werden Samen von unseren Schuhsohlen, unserer Kleidung (zum Beispiel Kletten) oder von Tierfellen weggeschleppt.
Die Samen von Ahorn, Ulmen, Birken, Eschen und Kiefern haben alle Flügel. Der Ahornsamen fällt in Spiralen zu Boden, er dreht sich wie der Propeller eines Hubschraubers und gräbt sich selbst ein. Erbsen, Hirtentäschel und Mondviole verstreuen ihren Samen in einer Art Explosion – Spannungen im reifen Samen sprengen die Außenhülle.
Alle Samenarten zu säen, die in die Schule mitgebracht werden, ist nicht leicht – manche Samen müssen besonders behandelt werden, damit sie überhaupt keimen. Sebastian versucht, einen Apfelsamen zu pflanzen. Wir finden heraus, daß der Samen zuerst drei Monate an einem ruhigen, kalten Platz lagern muß. Wenn man einen Apfel vom Baum pflückt, muß der Samen erst drei Monate im Kühlschrank lagern, als sei es Winter (er muß zuerst in eine Plastiktüte mit ein bißchen Erde gesteckt werden). Nach dieser dreimonatigen Kühlzeit legt Sebastian den Samen in unser warmes sonniges Fenster (über 24 Grad), aber er will immer noch nicht keimen, weil ihm die allmähliche Aufwärmzeit fehlt, nämlich der Frühling. Nach einem dritten Versuch klappt es. Natürlich wäre es am einfachsten gewesen, den Samen dort zu setzen, wo er ihn gefunden hat! Am besten hat man mehrere Samen von einer Sorte, damit man es öfter versuchen kann.
Skyler will einen Pfirsichsamen pflanzen. Alles Fruchtfleisch muß so bald wie möglich vom Samen abgewaschen werden, weil der Pfirsichsamen sonst seine Fähigkeit zu keimen verliert. Auch anderes Steinobst – wie Aprikosen oder Kirschen – und Zitronensamen dürfen nicht zu trocken werden, denn dann verlieren sie ihre Kraft, deshalb: gleich waschen und pflanzen!
Manche Samenhüllen müssen in Wasser aufgeweicht werden. Es gibt Samen, die nach zwei Jahrtausenden gekeimt sind, nachdem man sie aufgeweicht hat.

Ein Samenkorn ist ein befruchtetes Ei mit einem winzigen embryonalen Blättchen im Innern und genug Nahrung, so daß die kleine Pflanze Zeit hat, ihre Wurzeln und ersten Blätter zu entwickeln, bevor sie sich selbst mit Hilfe der Wurzeln und der Sonne ernähren kann. Der Samen hat eine harte äußere Hülle, die ihn davor schützt, in einer ungünstigen Umgebung zu keimen. Um diese äußere Hülle aufzubrechen, ist Wasser nötig. Wenn die Hülle aufgebrochen ist, kommen zuerst die Wurzeln heraus, die die kleine Pflanze im Boden verankern, wo sie sich mit Wasser und Mineralien aus dem Boden versorgt. Wir weichen große getrocknete Bohnen über Nacht ein, und ich verteile sie am nächsten Morgen. So werden die Kinder sehen, wie in einem Samen eine kleine Pflanze entsteht. Vorsichtig entfernen wir die Hülle, die vom Wasser aufgeweicht ist. Die Bohne teilt sich und hoppla: Im Innern ist das Pflänzchen, ein kleines Blatt!

Ich zeichne alles übergroß an die Tafel, damit alle Kinder gleichzeitig sehen, worauf sie bei ihrer kleinen Bohne achten müssen. Vergrößerungsgläser werden ausgeteilt, um das „Bohnenbaby“ besser erkennen zu können.

Wir stecken ein paar Samen in Plastikhüllen mit Baumwolle und hängen sie an unsere Garderobenhaken, um sie zu beobachten. Zuerst sprießen Wurzeln. Wir beobachten täglich, wie das Keimblatt, die Nahrung für die Pflanze, schrumpft, während die sprießenden Blätter wachsen und allmählich die Aufgabe übernehmen, den Keimling zu ernähren.

Wir legen Kiefernzapfen auf die Heizkörper, damit sie sich öffnen und ihren Samen mit den kleinen Flügeln ausschütten. Wir pflanzen kleine Kiefern.

Kresse

Wir säen Möhren, Kresse, Salat, Radieschen, Schnittlauch, Petersilie. Wir stecken Kerne von Zitronen, Apfelsinen, Birnen, Äpfeln, Pampelmusen und Sonnenblumen. Auch von Bohnen und Erbsen wollen wir Pflanzen züchten.

Es gibt Babykeimlinge in den weißen Bohnen

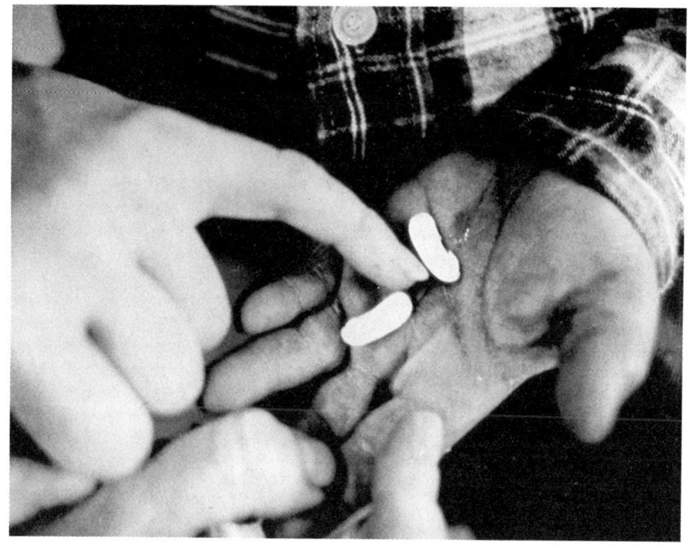

Wir haben weiße Bohnen eingeweicht, und ich zeige den Kindern den Keimling.
Ich erkläre ihnen auch, daß man ungekochte Bohnen nicht essen soll, weil dadurch Bauchschmerzen entstehen können.
Später kleben wir ein Bild mit den Samen.

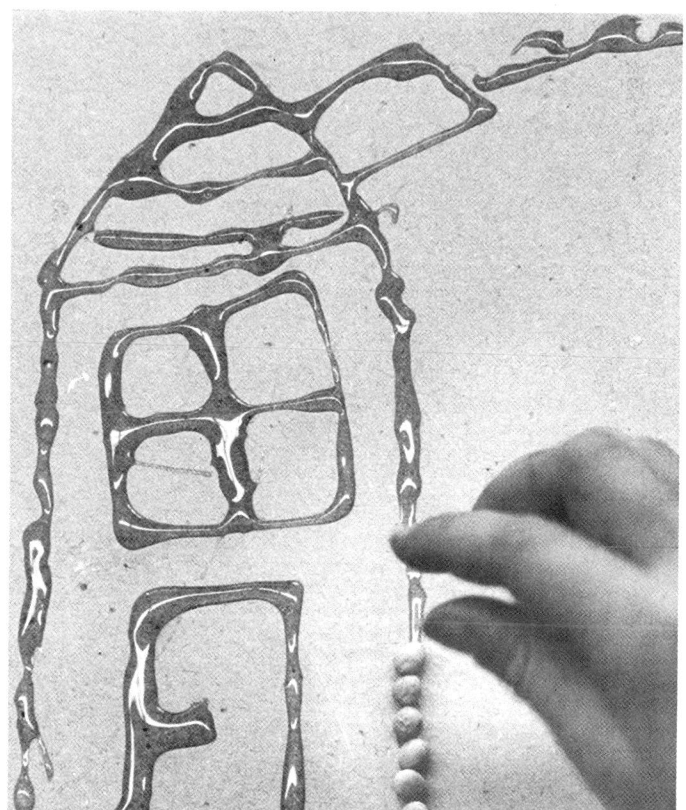

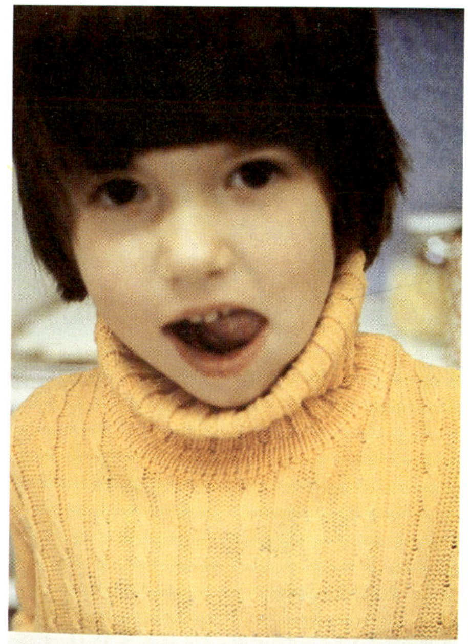

Wir feiern ein Samenfest. Auf unserem kleinen Herd stellen wir in einem Topf Poppkorn her. Die Kinder hoffen, daß ihnen ein Poppkorn direkt in die Hand springt. Auf unseren Platzdeckchen verteilen wir Erbsen, Bohnen, Nüsse, Sonnenblumenkerne, und auf die großen Roggenbrotscheiben legen wir Kresse.
Einige Kinder holen aus unseren Vorräten noch andere Samen. Wir wundern uns, wie viele Samen wir täglich essen, ohne es immer zu wissen. Allein in unserem Brot sind verschiedene Samen.
Später malen wir mit Klebstoff und Samen Buchstaben und Bilder auf farbige Pappe.
Wir singen „Fünf kleine Erbsen in einer Hülse“ und machen dazu ein Fingerspiel.

Wir sind Samen, die langsam wachsen

Die Kinder spielen, sie seien kleine Samen. Ich bin der Regen und die Sonne. Ich wässere und bescheine sie. Langsam wachsen meine Pflanzen, und sie freuen sich, wenn ich sie ernte. In der Geschichte von Jonny und dem Mohrrübensamen erleben wir mit, wie Jonny seine Pflanze pflegt und mit einer Riesenmöhre belohnt wird.

Wir dreschen Korn, mahlen Mehl und backen Brot

Beim Frühstück sieht das Essen des Nachbarn oft viel leckerer aus als das eigene: Eine Mohrrübe wird gegen zwei Gummibärchen getauscht. Mein eigenes Frühstück findet meist viele Abnehmer: Es ist gutes Schwarzbrot vom Demeterbäcker. „Warum Demeterbrot?“ wollen die Kinder wissen. Ich sage, weil in Berlin unser Brot meistens mit altem Mehl gebacken wird und vollgestopft ist mit chemischen Zusätzen. Dann erzähle ich, daß unser Getreide auf Feldern angebaut wird, die mit chemischem Dünger behandelt worden sind.
Unsere Erdschicht, die uns und alle Lebewesen erhalten muß, besitzt Regenwürmer, Bakterien und Pilze, aber sie wird von uns Menschen langsam zerstört: Wir durchtränken sie mit Chemikalien. Wir müssen dagegen etwas tun. Wir müssen Dinge essen, die nicht durch Chemikalien verfälscht wurden.
Beim Demeterbäcker gibt es kein Weißbrot! Woher kommt eigentlich die Vorliebe für Weißbrot? Vor über hundert Jahren bauten die Menschen in England neue Mühlen, die Weißmehl herstellen konnten. Damit buk man viel feineres Brot, und die reichen Leute kauften es, weil es eben neu und teuer war. Das moderne Mehl war den Ladenbesitzern und Bäckern willkommen, weil es länger haltbar war; es enthielt kein Öl mehr, das ranzig werden konnte. Beim Mahlen wurde nämlich die äußere Schale, in der die gesunden Stoffe sind, entfernt und an die Tiere verfüttert. Denen bekam das gut – aber die Menschen, die das weiße Brot ohne die gesunden Stoffe aßen, wurden dick und pummelig. 25 Vitamine und Mineralien gehen durch diesen Mahlvorgang verloren.
Viele Kinder wissen nicht einmal, woher Brot kommt; es wird ja vorgeschnitten und in Paketen verpackt aus den Regalen des Supermarktes gekauft. Immer weniger Kinder kaufen Brot beim Bäcker, noch weniger aber haben Korn vom Feld geholt oder gesehen, wie es gedroschen und gemahlen wird und wie aus Mehl Brot gebacken wird.
Leider ist es schon Winter, sonst würden wir Korn vom Feld holen. Aber wir können Kornähren im Blumengeschäft kaufen, wo sie zu Sträußen gebunden werden.
Eine Weile bleibt der Strauß als Schmuck stehen, dann bringe ich Roggenkörner aus dem Reformhaus, und wir vergleichen Weizen mit Roggen. Wir beschließen, aus unseren Körnern Brot zu backen.

Zuerst legen wir einen Sauerteigstarter an, damit er reif wird, wenn unsere Körner gemahlen sind. Wir sammeln Brotsorten, Bilder von Brot, Bilder von Ähren und erfinden ein Lied zum Frühstück.

Wir sprechen über die Bedürfnisse unseres Körpers, zellulosereiche Nahrung zu essen, und ich erzähle den Kindern, daß zuviel Zucker und Weißmehl unserem Körper schaden.
Sabrina und Nancy haben die langen Ähren aus dem Topf geholt und fangen an, die Körner herauszupopeln. Ich zeige ihnen, wie sie die Ähren auf den Boden schlagen können, so daß die Körner herausfallen. Es geht auch, wenn Dirk eine Bauklotzrolle nimmt und sie über die Ähren rollert. Eine wilde Zeit beginnt mit viel Staub und fliegender Spreu. Zum Schluß, als alles sich ein bißchen beruhigt hat, bleiben ganz schön viel Körner und Spreu auf dem Boden liegen. Wie trennen wir nun beides voneinander? Wir probieren, alles hochzuwerfen und in die fallenden Körner zu pusten – das gibt viel Spaß, aber auch viel Spucke. Zuletzt probieren wir, ganz sanft über den Boden zu pusten. Da bleiben die Körner liegen, und die Spreu fliegt weg. Die Körner sammeln wir mit einer Handschaufel, und Sascha hat die Idee, mit einem Sieb den Dreck auszusieben.
In einer großen Schüssel sammeln wir das Mehl, das wir mit der Handmühle mahlen, jeden Tag ein bißchen, weil es so mühsam ist. Die Körner zwischen zwei Steinen zu mahlen, ist auch sehr schwer, und viele Körner werden bei dieser Arbeit aufgegessen.
Endlich, nach fünf Tagen, haben wir genügend Mehl zusammen, um unser Brot zu backen. Vorher wird das Mehl geschleckt, ins Gesicht geschmiert, durch die Klasse gepustet, herumgetragen, gezeigt, beredet...
Unser Sauerteigstarter ist wunderschön gewachsen. Außerdem haben wir beim Demeterbäcker Hefe für noch zwei andere, unterschiedliche Brotsorten gekauft und mit dem Bäcker verabredet, daß wir die geformten Brote und Brötchen zum Backen bringen und dabei zusehen dürfen. Bei solchen Unternehmungen versuche ich immer, Eltern als Helfer zu bekommen. Es ist wichtig für sie zu sehen, wie ihre und andere Kinder miteinander umgehen, und außer ihrer Hilfe lerne ich etwas über die Beziehungen der Eltern zu ihren Kindern.

Wir schlagen die Körner aus den Ähren. Dirk rollert mit einem Holzbaustein über sie, Körner und Spreu bleiben auf dem Boden.
Wie trennen wir beides voneinander? Wir werfen es hoch und pusten in die fallenden Körner, aber leider funktioniert es nicht richtig.
Dann pusten wir ganz sanft über den Boden, da bleiben die Körner liegen und die Spreu fliegt weg. Das machen wir jeden Tag, eine ganze Woche lang.

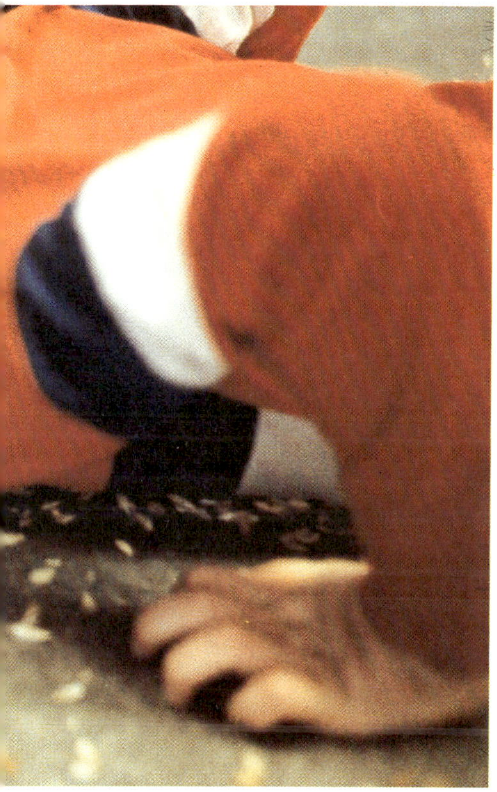

Zuerst mahlen wir das Korn zwischen zwei Steinen, das geht sehr schwer. Mit der alten Kaffeemühle geht es schon viel besser. Eine elektrische Mühle wollen wir nicht nehmen, weil durch die Hitze Vitamin E zerstört wird.

Das Mahlen dauert viele Tage. Immer wieder sind wir bis zu den Ellbogen in den schönen Körnern. Wir sprechen lange darüber, wie die Körner sich anfühlen: glatt, rutschig, krümelig usw. Und immer wieder probieren die Kinder, wie das Mehl schmeckt.

Die Hefe für einen Sauerteigstarter kann man aus der Luft fangen: 1 Tasse abgekochte Magermilch zwei Tage stehen lassen, bis sie sauer wird, dann eine Tasse Mehl hinein rühren. Wieder zwei Tage stehen lassen.

Es macht großen Spaß, unseren Teig zu kneten.
Für ein Brot haben wir sogar die Hefe mit einem Sauerteigstarter selbst gemacht.

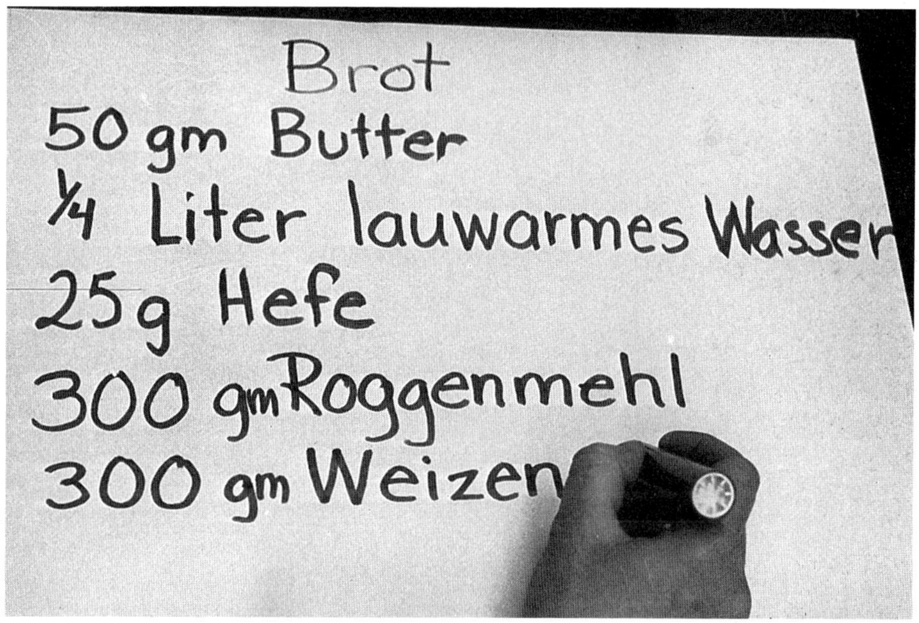

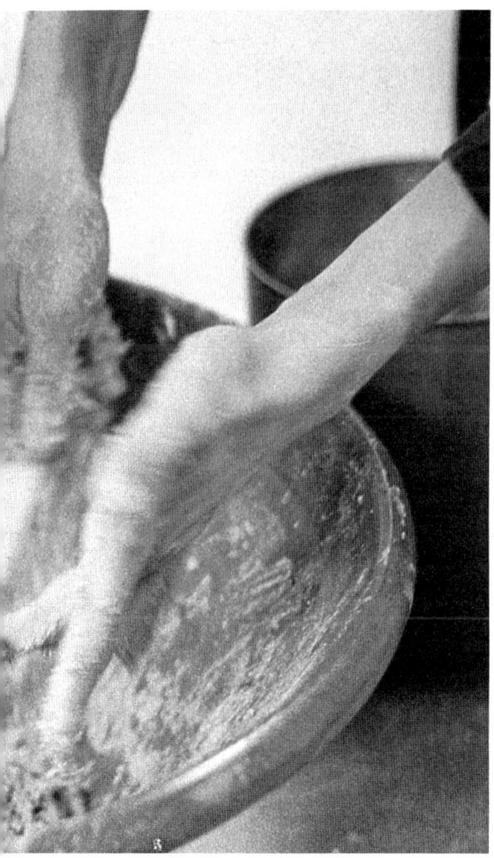

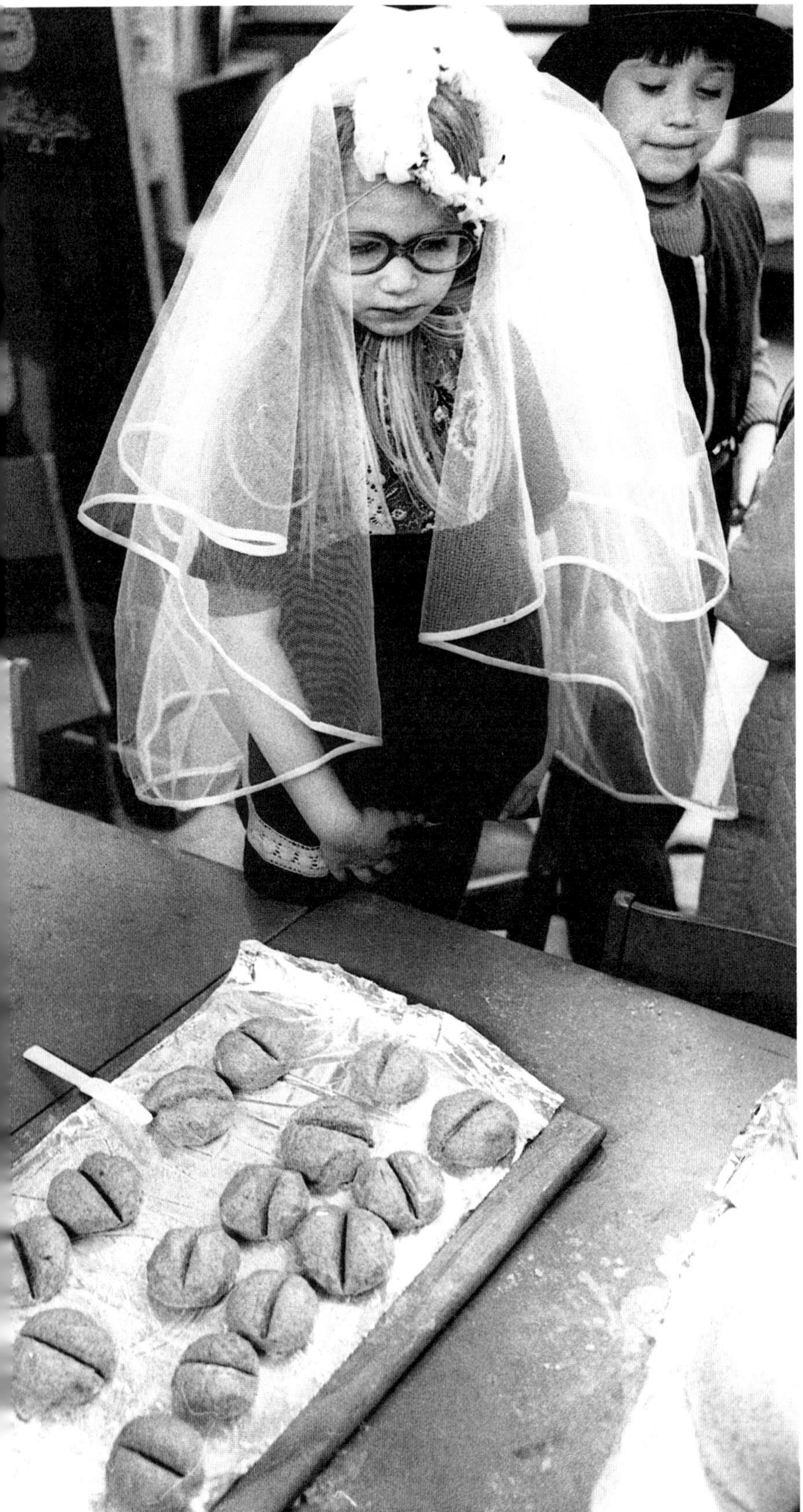

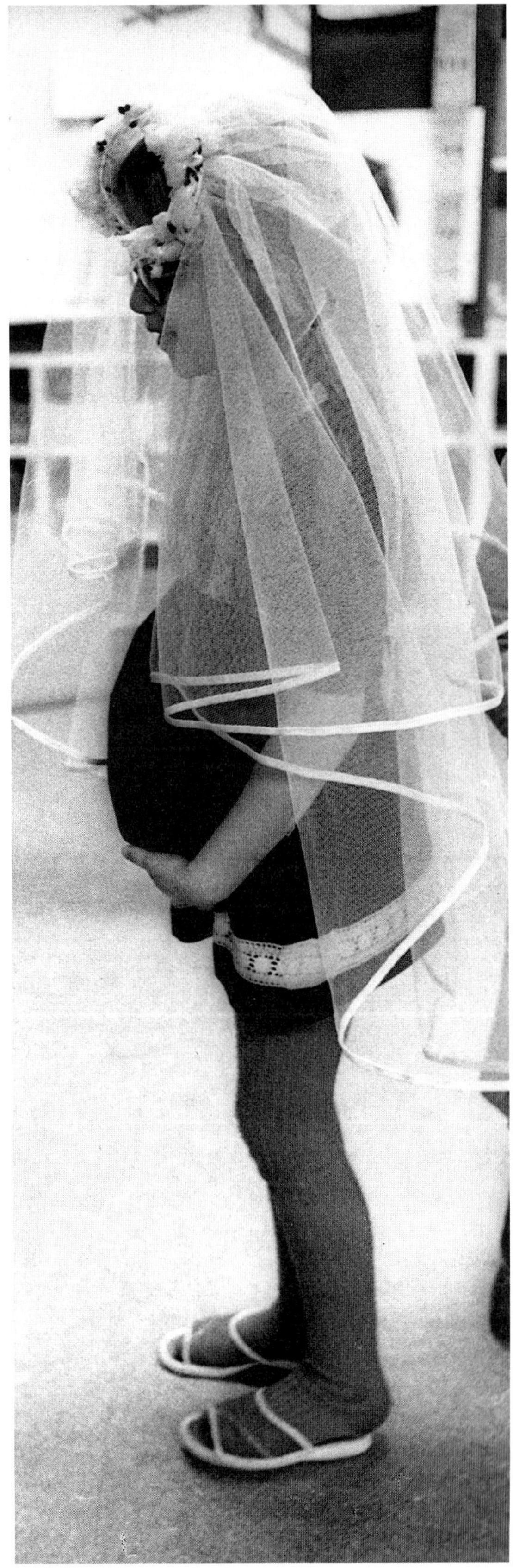

Wir machen einen Entdeckungsspaziergang

Machen wir einen Entdeckungsspaziergang! Es soll kein gewöhnlicher Spaziergang sein, sondern ein lang herbeigesehntes Abenteuer, auf das wir uns vorbereiten.
Die Kinder lernen, alle ihre Sinne zu benutzen. Wir üben, uns auf den Boden zu legen, die Augen zu schließen, die Ohren nach innen zu richten und ganz still zu liegen. Ich bringe einige Papiertücher mit; auf manche tröpfle ich etwas Zitronenessenz, auf andere Kiefernöl, Nelkenöl, Pfefferminze. Der Reihe nach schnuppern wir daran.
Dann öffnen wir unsere Ohren. Ich zerreiße Papier, zerbreche einen Plastikbecher, lasse einen Radiergummi fallen, gieße Wasser in eine Tasse: „Wißt ihr, was das für ein Geräusch ist?"
Mit noch immer geschlossenen Augen fühlen wir einen Kiefernzweig, Moos, etwas Sand, Rinde und einen Stein: „Wißt ihr, was ihr fühlt?" Und dann machen wir die Augen auf, um uns alle diese Dinge anzusehen.
Wir basteln „Ferngläser", die uns dabei helfen sollen, die Dinge, die wir sehen werden, schärfer in den Blick zu bekommen. Stuart nimmt zwei leere Toilettenpapierrollen und klebt sie mit Tesafilm zusammen. Patricia entdeckt in unserer Bastelecke ein paar kleine Kartons. Wir öffnen sie am Boden und am Deckel und können durch sie hindurchblicken wie durch eine Kamera.

Ich verstaue alle möglichen notwendigen Utensilien in meinen Taschen: ein Messer, ein Vergrößerungsglas, eine kleine Schaufel, ein Pilzbuch, Papiertaschentücher, Pflaster. Wir verabreden, daß wir keine Zweige abbrechen oder zuviel von einer Sorte sammeln wollen. *Ein* Pilz muß uns genügen.
Jeder mit einer kleinen, durchsichtigen Plastiktüte und einer „Kamera" in den Händen, gehen wir los. Wir wandern durch die modernden Blätter und freuen uns an ihrem Geruch. Wir fassen die feuchte Erde an, die aus den zerfallenen Blättern entstanden ist. Unter einem Stein finden wir kleine Käfer, Rollasseln und Kellerasseln. Die Kinder nehmen die Rollasseln auf, die man leicht fangen kann, weil sie sich zu einer kleinen Kugel zusammenrollen, bis die Gefahr vorüber ist. Die Kellerasseln laufen so schnell weg, wie ihre sieben Paar Beine sie tragen können. Sabine findet einen Tausendfüßer und schreit. Doch der Tausendfüßer rollt sich nur träge zu einer Spirale zusammen. Auch Schnecken und Hundertfüßer entdecken wir. Sorgfältig sammeln wir alles in unsere Tüten.
Unter einigen Büschen finden wir den Ein- und Ausgang eines unterirdischen Kaninchenbaus. Wenn wir uns auf den Boden legen und lauschen, können wir sie vielleicht hören – oder einen sich verkriechenden Regenwurm. Wir fühlen die Rinde von den Bäumen mit unseren Fingern, unseren Handflächen, den Innenseiten unserer Arme, unseren Wangen. Wir legen uns an die Wurzeln eines großen Baumes und sehen durch die Zweige hinauf zum Himmel. Wir finden einen jungen Farnwedel, entfalten ihn und beobachten, wie er wieder zurückspringt.

Unter einem Stein finden wir kleine Käfer und Asseln.

Wir wandern durch die modernden Blätter und finden, daß sie gut riechen. Wir fassen die feuchte Erde an. Jeder sammelt Schätze in seine Tüte und in seine Taschen: Moos, Tannenzapfen, Schnecken, Käfer, Steinchen, Pilze, Glasscherben. Klaus findet sogar einen silbernen Löffel!

Wir haben verabredet, daß wir von allem, was wir finden, immer nur einmal nehmen.
Und wir wollen nicht laut rufen, auch nicht, wenn wir ganz aufgeregt sind!

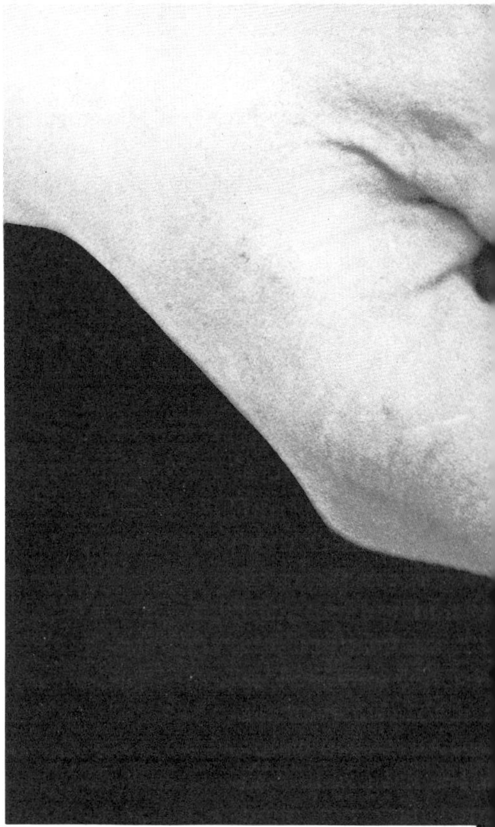

Dirk hat eine Kastanie gefunden. Sie glänzt nicht mehr ganz so, wie die, die im Herbst aus ihrer stacheligen Schale platzen, aber sie ist noch schön rund und braun und hat einen großen grauen Fleck. Ich erkläre den Kindern, daß das der Nabel der Kastanie ist: An dieser Stelle war sie in ihrer Hülle mit dem Ast, an dem sie hing, verbunden.

Die Kinder staunen, daß aus dieser kleinen braunen Kugel so ein großer Kastanienbaum wachsen kann. Im Herbst wollen wir eine Kastanie in die Erde legen, damit wir sehen können, wie sie zu keimen beginnt und ein neues Pflänzchen herauswächst.

In jedem Stückchen Erde krabbelt und wimmelt es von winzig kleinen Lebewesen, von Samen und Wurzelwerk.

Wenn wir genau hinsehen, können wir Tannennadeln und Sand, ja sogar halb verfallene Blätter erkennen.

32

Jenny streichelt einen kranken Käfer

Nach dem Entdeckungsspaziergang leeren wir in der Schule unsere vollen Taschen und Plastiktüten auf weißen Papierbögen aus. Martin hat ein paar glatte, glänzende Kastanien gefunden. Eric empfindet sein Stück Rinde schön weich, aber als er Martins Kastanien anfühlt, spürt er den Unterschied. Wir benutzen die Wörter glatt und rauh, glänzend und matt. Und dann stößt Jenny einen Schrei aus. Ihre Käfer haben das weiße Papier verlassen und krabbeln auf sie zu. Sie ist wie gelähmt! Sie will die Käfer auch nicht zurückschieben, weil sie Angst hat sie anzufassen. Einer ihrer Käfer hat ein Bein verloren. Ich nehme ihn auf und zeige ihn Jenny. Sie traut sich heran und findet den Mut, ihn anzufassen, zu streicheln und zu trösten. Sie setzt ihn in eine blaue Plastikschachtel mit Erde und einem Stein darin, unter dem der Verletzte sich verstecken kann, und hofft, daß er sich wieder erholt. Ich frage sie, ob sie einen kleinen Käfer zu.ihm in die Schachtel setzen will. Vielleicht würde sich der erwachsene Käfer schneller erholen. Nein, den kleinen Käfer würde sie nur hineinsetzen, wenn er sich auch das Bein verletzt hätte, sagt sie.

Birthe hat ihre Tasche noch nicht ausgeleert. Ihre Angst vor kriechenden und krabbelnden Tieren ist noch immer groß. Sie hat auch nicht selbst gesammelt, sondern mich gebeten, etwas für sie in ihre Tasche zu stecken. Jetzt will sie nicht, daß es um sie herum krabbelt. Aber sie hat Jenny genau beobachtet. Plötzlich fragt sie mich, ob sie den verletzten Käfer auch anfassen darf. Jetzt leert sie ihre Tasche in einen Karton und bittet mich, ihr eine kleine Schnecke auf die Handfläche zu setzen. Ich umarme sie vor Freude! –

Hundertfüßer und Tausendfüßer sind ängstlicher als die anderen Tiere. Viele Kinder glauben, sie beißen oder sind sogar giftig. Das stimmt nicht; aber die Tausendfüßer stoßen einen Stoff aus, der für Hundertfüßer giftig ist.

Birthes Angst vor kriechenden und krabbelnden Tieren ist sehr groß. Sie hat auch nicht selbst gesammelt, sondern mich gebeten, etwas für sie in ihre Tüte zu stecken. Aber Jennys verletzter Käfer tut ihr leid. Vorsichtig berührt sie

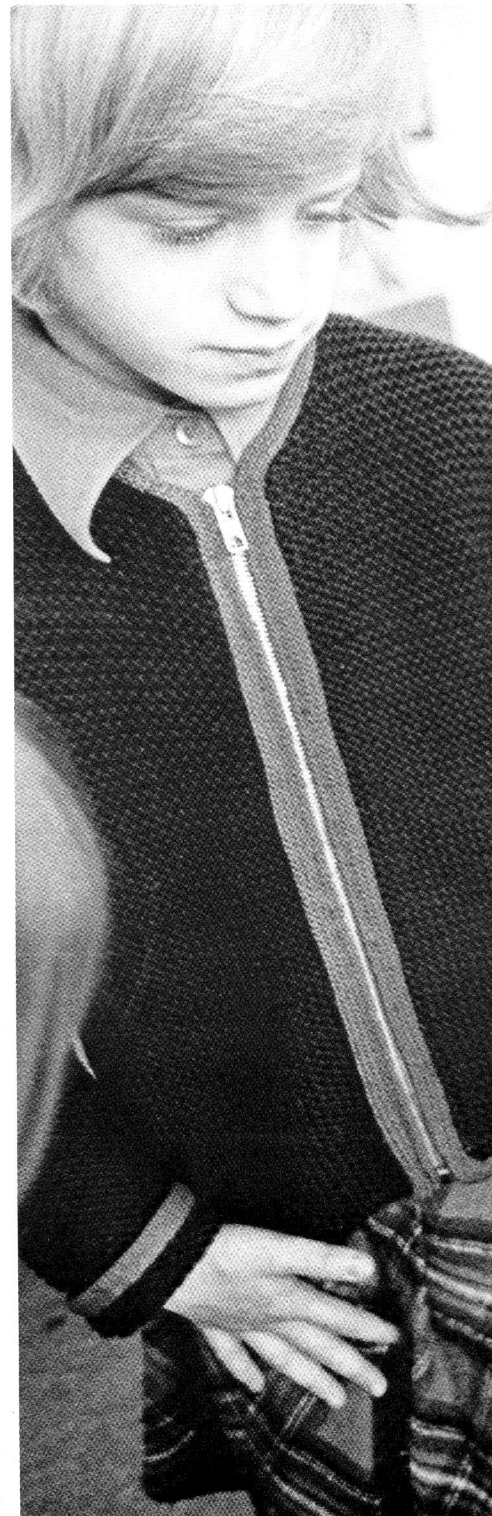

ihn mit dem Finger – und dann bittet sie mich sogar, daß ich ihr die kleine Schnecke von Rouven auf die Hand setze! Ich umarme sie vor Freude! Jetzt ist Birthe bereit, ihre Tasche auf den weißen Bogen Papier auszuleeren, und sie macht das so schön und bedächtig, daß ein Kunstwerk daraus entsteht.

Das hat Birthe beobachtet: Jennys Käfer krabbeln von ihren Papierbogen herunter und auf Jenny zu. Jenny schreit. Sie ist wie gelähmt! Einem ihrer Käfer fehlt ein Bein. Ich nehme ihn auf und zeige ihn Jenny. Jetzt traut sie sich heran und findet den Mut, ihn zu streicheln, weil sie ihn trösten will. Dann setzt sie den verletzten Käfer in einen kleinen Karton mit Erde und einem Stein darin, damit er sich verkriechen und erholen kann. Aber sie will nur Käfer anfassen, die sich weh getan haben, sagt sie.

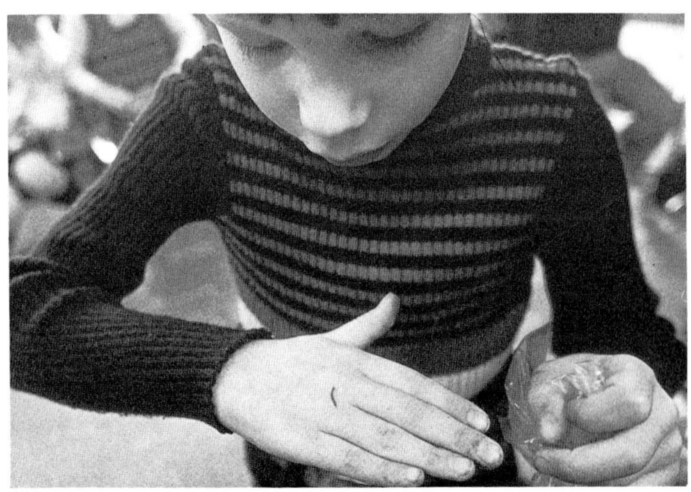

Unser Terrarium ist sehr beliebt: Meist sitzen zwei oder mehr Kinder darum herum und unterhalten sich über die Tiere. Fast immer geht es dabei friedlich, meist sogar zärtlich und leise zu. Die Kinder setzen neue Tiere hinein, die sie von zu Hause oder aus der Pause von draußen mitgebracht haben.

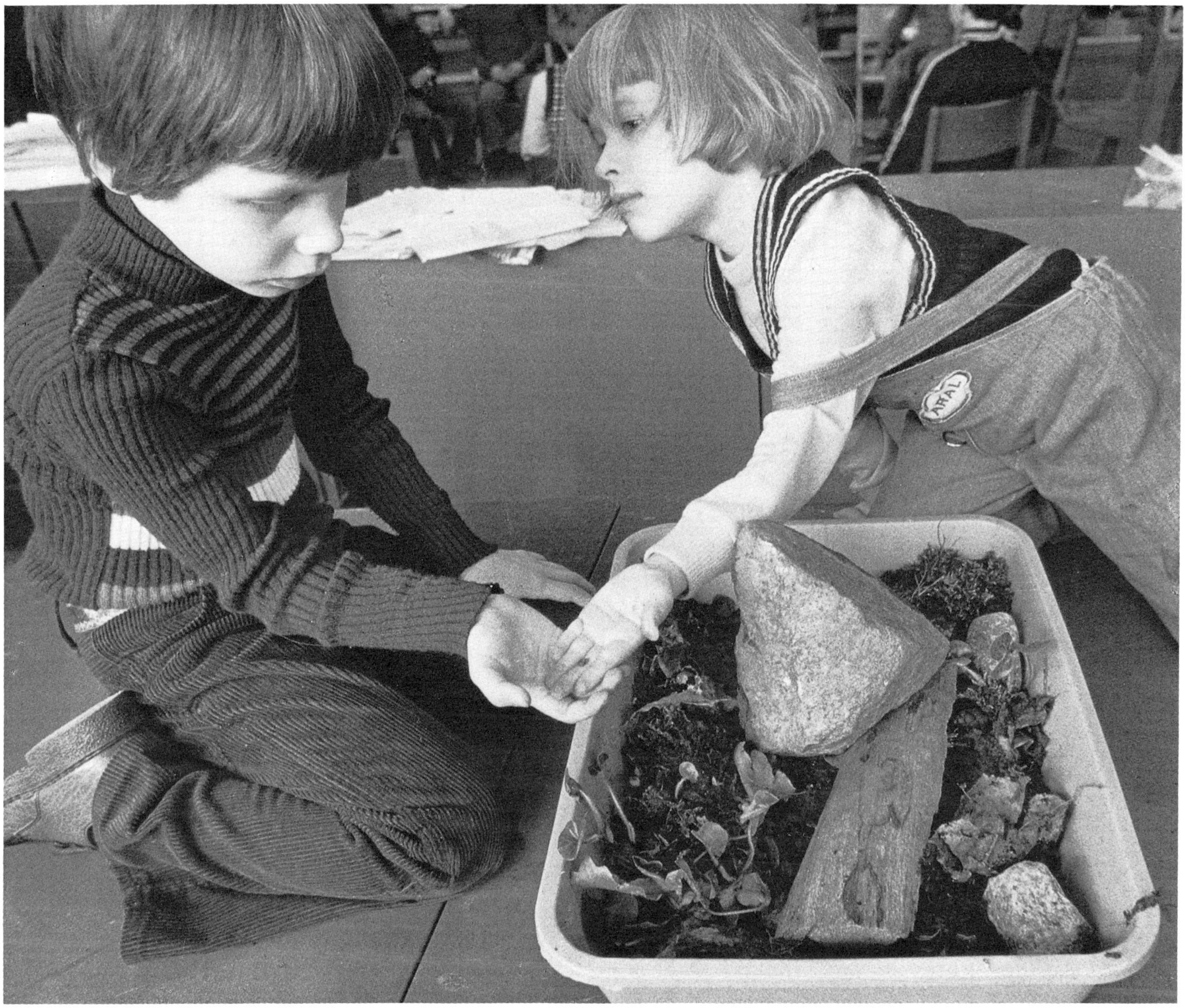

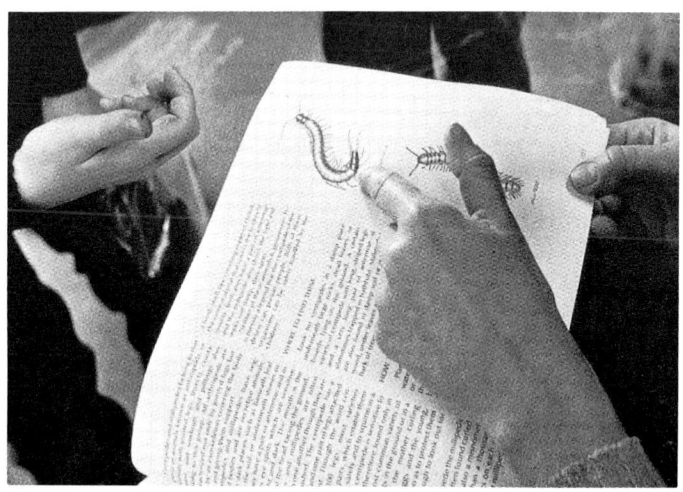

Die Kinder beobachten, was die Neuankömmlinge in ihrer neuen Umgebung machen, ob sie sich mit den anderen Tieren vertragen, ob sie sich wohlfühlen oder ob sie lieber wieder raus wollen. Oft will ein Kind von mir wissen, wie „sein" Tier heißt, was es frißt oder wie es atmet.

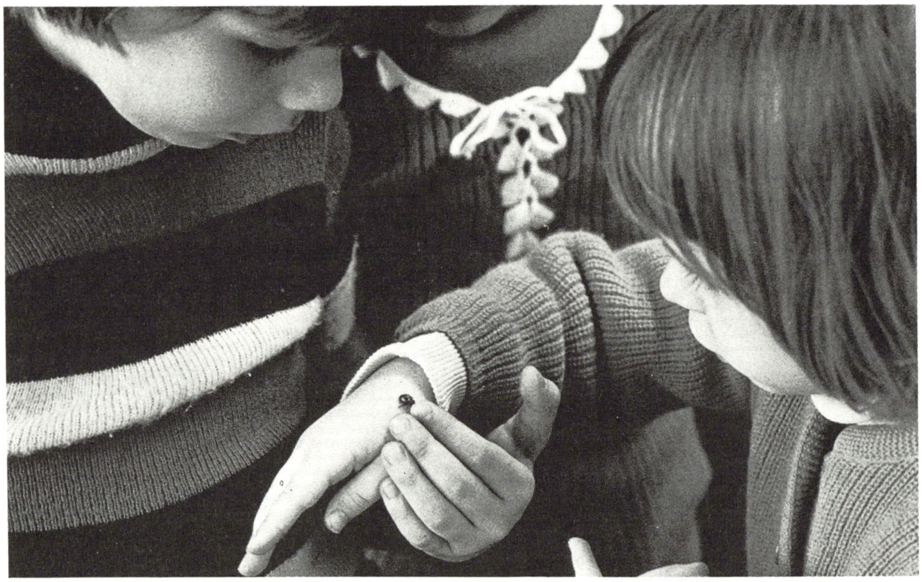

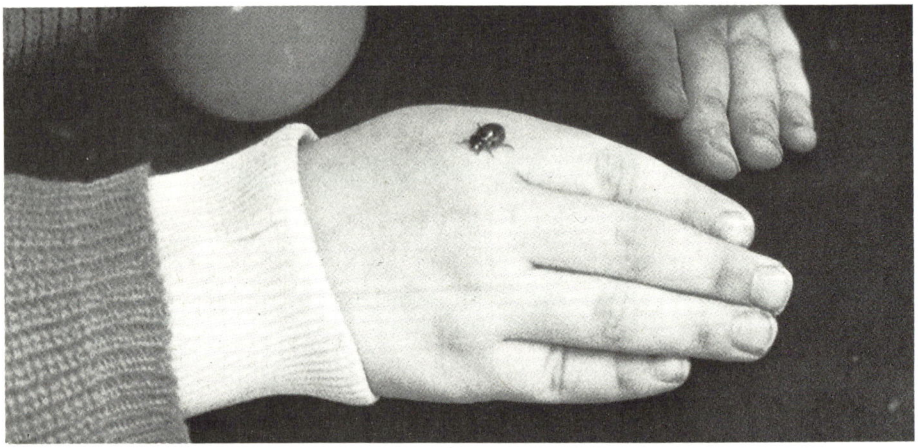

Steffis Huhn in der Klasse

Die meisten meiner Kinder haben schon einen Bauernhof gesehen und erlebt. In den Ferien hat Sonja eine Kuh gestreichelt und herausgefunden, daß sie eine warme, schöne Schnauze hat.
Mark hat sogar mal versucht, sich während des Melkens unter die Kuh zu legen, um sich die warme Milch in den Mund spritzen zu lassen. Aber als die Bäuerin sagte, er soll doch selbst die Kuh melken, hat er sich geekelt, das Euter anzufassen.
Birthe erzählt ganz leise von einem Erlebnis mit Hühnern: Ganz nah wollte sie zu den Hühnern hingehen, und dann sind die plötzlich aufgeflogen und mit ihren Federn in ihrem Gesicht gewesen; und nun will sie nie, nie mehr ein Huhn anfassen, und wenn sie welche sieht, läuft sie schnell weg. Es muß schrecklich gewesen sein. Wir finden heraus, daß viele Kinder Angst vor Hühnern und anderen Vögeln haben, die herumflattern und vielleicht nach ihnen hacken könnten. „Tun sie aber nicht“, sagt Steffi und erzählt, daß ihre Mutter zu Hause Hühner und Enten hat, und daß die genauso lieb sind wie ein Hund oder eine Katze und sogar Namen haben und darauf hören. Manchmal hat Steffi schon eine kleine Ente mit in ihr Bett genommen, zum Kuscheln. „Und du streichelst auch die großen Hühner und hast keine Angst davor?“ Birthe kann es nicht glauben. Wir beschließen, daß Steffi ein „liebes“ Huhn mit in die Klasse bringt.

Steffis Mutter kommt und hat einen Käfig mit einer wunderschönen braunen Henne dabei. Wir setzen sie in die Mitte unseres Kreises auf ein Nest aus Stroh. Vorher haben wir beschlossen, unsere Beine ganz eng zusammenzuhalten, damit die Henne nicht aus unserem Kreis herauslaufen kann, aber das vergessen alle, als das Huhn auf die Beine zukommt: Innerhalb von Sekunden steht die ganze Klasse auf den Stühlen, schreit und juchzt, gleichzeitig ängstlich und entzückt.
Natürlich flieht das Huhn aus unserem Kreis. Ich mache mit meinen Händen nach, wie das Huhn geht. Jenny will das Huhn einfangen, sie liebt Tiere und ist fasziniert von ihnen.

1978 June 1978

Das Huhn flieht aus unserem Kreis, alle springen auf die Stühle, schreien und juchzen ängstlich und entzückt zugleich. Als Jenny sich anschleicht, um es einzufangen, bewegt sie automatisch ihre Finger so wie das Huhn seine Krallen. Das Huhn macht vor Patricia hin.

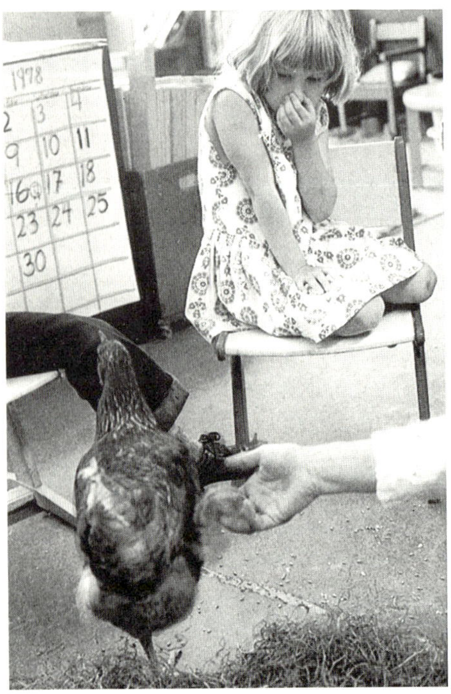

Während sie sich vorsichtig von hinten anschleicht, bewegt sie ihre Finger automatisch so wie das Huhn seine Krallen. Jenny scheucht das Huhn schließlich zurück in den Kreis, wo es gleich vor Patricia hinmacht. Patricia springt wieder auf ihren Stuhl – empört hält sie sich die Nase zu. Ich wische das Häufchen mit einem Papiertuch weg und erkläre Patricia, daß wirklich nichts dabei ist und sie doch einmal daran riechen soll, um selbst festzustellen, daß es gar nicht so schlimm riecht. Sie tut es und nickt. Niemand will das Huhn streicheln, also nehme ich es hoch und setze es auf meinen Arm. Dort fühlt es sich ganz wohl und läßt sich von mir streicheln. Ich spreche liebevoll mit ihm – auch für mich ist es das erste Mal, daß ich ein Huhn auf dem Arm halte. Irgendwie hatte ich angenommen, daß seine Klauen kalt und feucht seien, und war überrascht, wie warm sie sind.

Dann nimmt Martin allen Mut zusammen, um das Huhn zu streicheln. Aber er kann sich nicht entscheiden, was er tun soll: Einerseits möchte er es gern streicheln, andererseits hat er Angst. Schließlich schafft er es und ist glücklich und stolz darüber. Er sagt: „Es fühlt sich schön an."

Dann traut sich Leona, und nach ihr wollen alle Kinder das Huhn streicheln.

Aber das Huhn flattert weg, verschätzt sich in der Entfernung zur nächsten Lücke im Kreis, landet auf Andreas Schulterblatt und gleitet dann hinunter auf den Boden. Es entsteht keine große Panik, fast jubeln die Kinder dabei und wollen, daß das noch mal passiert. Aber Steffi sagt, es sei jetzt genug für ihr Huhn, nimmt es auf den Arm und tröstet es. Jemand fragt, warum das Huhn kein Ei legt. Ich erkläre, daß unsere Henne nur in ihrem eigenen Nest Eier legt.

Aber ich hatte auch Eier mitgebracht. Wir legen sie unter die Henne, um zu sehen, ob sie danach hacken oder sich darauf setzen würde. Sie tut keins von beiden, sondern dreht sie sanft mit ihrem Schnabel um, als sei sie erstaunt, woher diese Dinger plötzlich kommen. Dann spaziert sie weg.

Ich öffne ein Ei in einer Schüssel, um zu zeigen, wie sich das Küken aus der befruchteten Stelle im Eigelb entwickelt. Es nährt sich vom Eigelb, und das Eiweiß ist seine Schutzhülle.

Wir essen Spiegeleier, Rühreier und hartgekochte Eier. In unserer Pause, nach dem Besuch der Henne, malt Leona ein Huhn in ihren Kalender. Stuart formt eines aus Knete. Martin malt ein wunderschönes Huhn. Steffi erzählt, daß es bei ihr zu Hause nicht nur jeden Morgen frische Eier gibt, sondern daß ihre Mutter von Zeit zu Zeit eines der älteren Hühner schlachtet und daß sie es dann aufessen. Ich höre viele „Ooohs" und „Iiihs" von den Kindern und beschließe, am folgenden Tag ein Brathähnchen mit in die Klasse zu bringen, denn gewöhnlich endet ein Hühnerleben in der Bratpfanne.

Am nächsten Tag suche ich die ganze Stadt vergeblich nach einem frisch geschlachteten Huhn ab. Ich möchte den Kindern die Innereien zeigen und kaufe schließlich ein schon ausgenommenes Brathähnchen. Säuberlich abgepackt liegen in ihm *zwei* Herzen und ein Hals!

Wir sprechen lange darüber, daß wir Menschen die Tiere künstlich züchten, weil wir sie essen wollen. Sicher merken wir nicht, ob wir ein fröhliches Huhn essen, das im Freien auf dem Bauernhof groß geworden ist oder eines, das mit Chemikalien schnell groß gezüchtet wurde. Aber für das Huhn wäre es schöner, wenn es vorher ein richtiges Leben gehabt hätte, und für unseren Körper wäre es gesünder, ein solches Huhn zu essen. Wir reden auch über die Leute, die kein Fleisch essen. Die Kinder sind unermüdlich, zu diesem Thema Geschichten beizutragen – es bewegt sie.

Jenny ist so fasziniert, daß sie das Huhn nicht an das nächste Kind im Kreis, Skyler, weiterreichen will. Ich versuche, ihn zu trösten und sage ihm – so daß Jenny es hören kann –, daß jedes Kind einmal drankommt und daß Jenny es gleich weitergeben wird. Endlich ist Skyler an der Reihe und spielt mit Gelenken und Flügeln.

Wir untersuchen die Gelenkpfanne des Huhns. Jenny scheint besessen von dem Huhn. Sie bewegt die Gelenke hin und her und will ein Bein abschneiden.

Ich lasse die Kinder das Huhn auseinandernehmen, damit sie es besser untersuchen können. Eric ist fasziniert von der Haut. Martin möchte wissen, wie die Muskeln funktionieren. Jennys Aggressionen, die sie manchmal anderen Kindern gemischt mit Zuneigung entgegenbringt, können sich austoben. Für gewöhnlich werden diese Aggressionen von außen unterdrückt, aber jetzt kann sie sie freilassen. Sie schneidet ins Fleisch und grinst, tranchiert und schneidet Grimassen, hackt zu.

Nachher braten und essen wir das Huhn, und Sonja sagt, daß es ihr gut schmeckt, sie aber froh ist, daß es nicht Steffis Huhn ist.

*Martin nimmt allen Mut zusammen.
Aber er kann sich nicht entscheiden.
Er möchte das Huhn streicheln…*

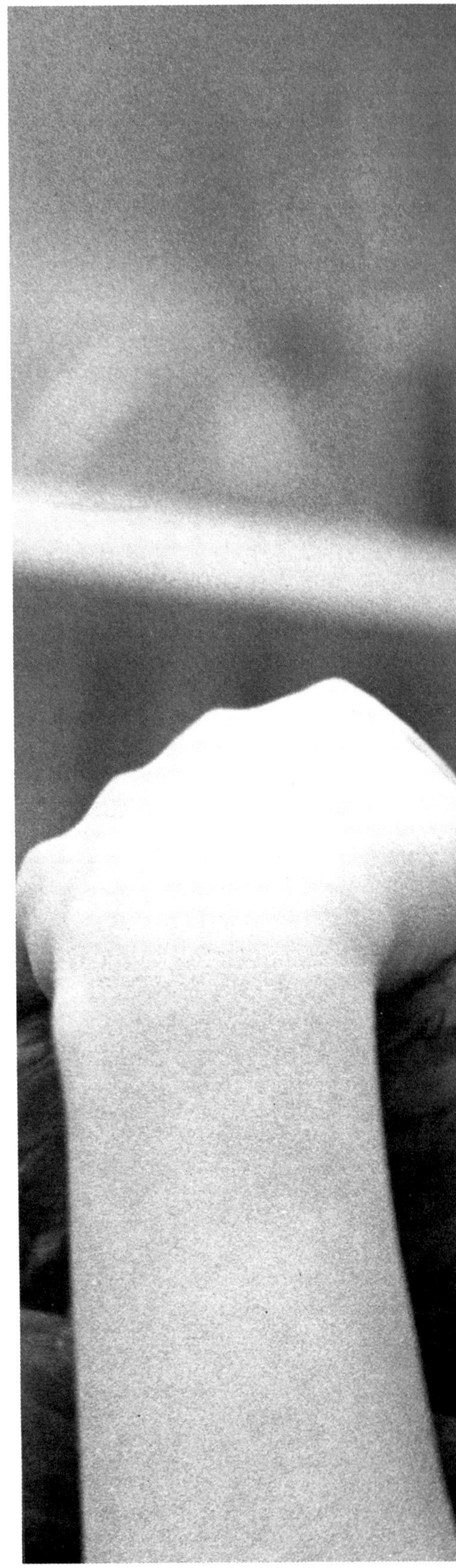

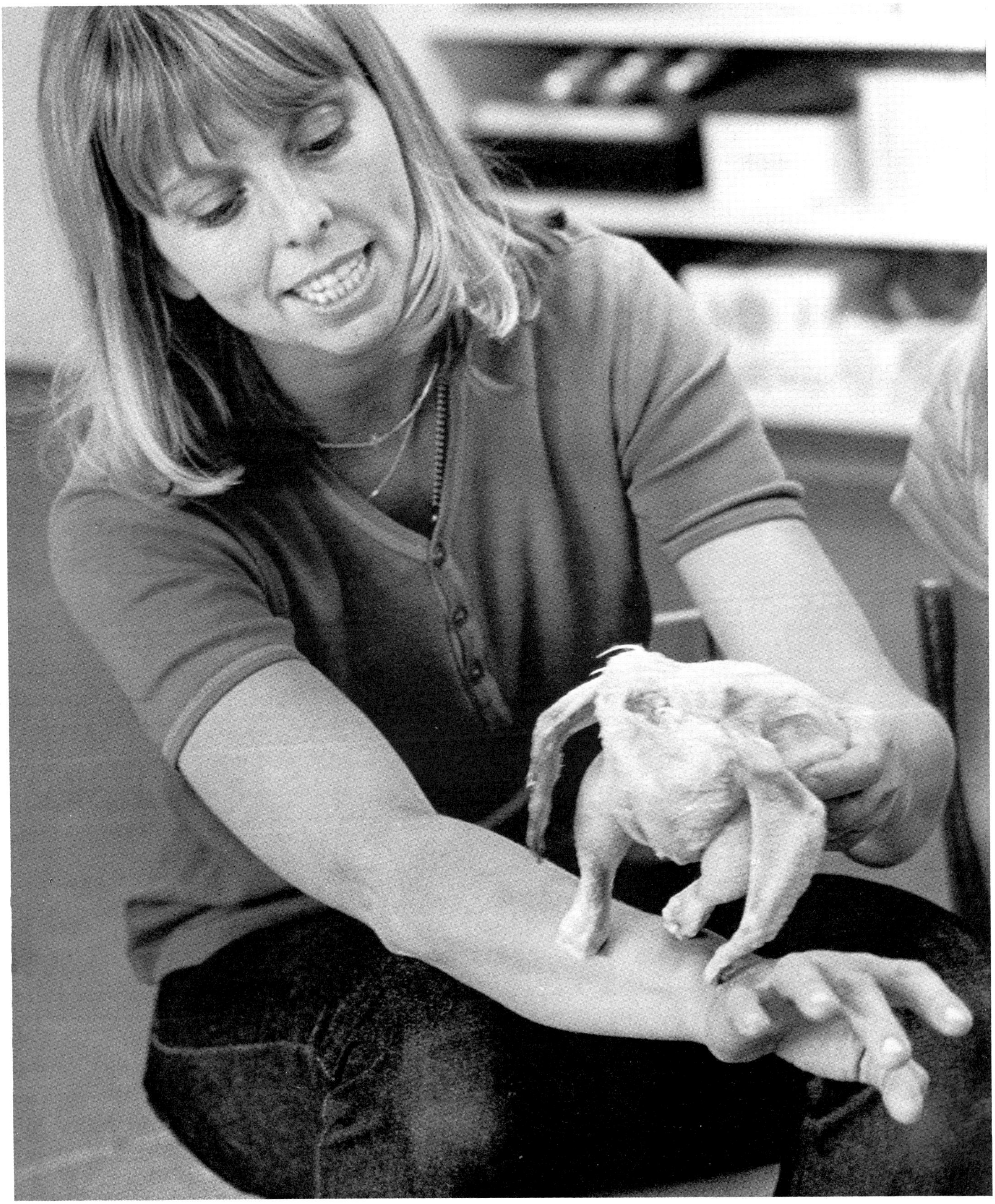

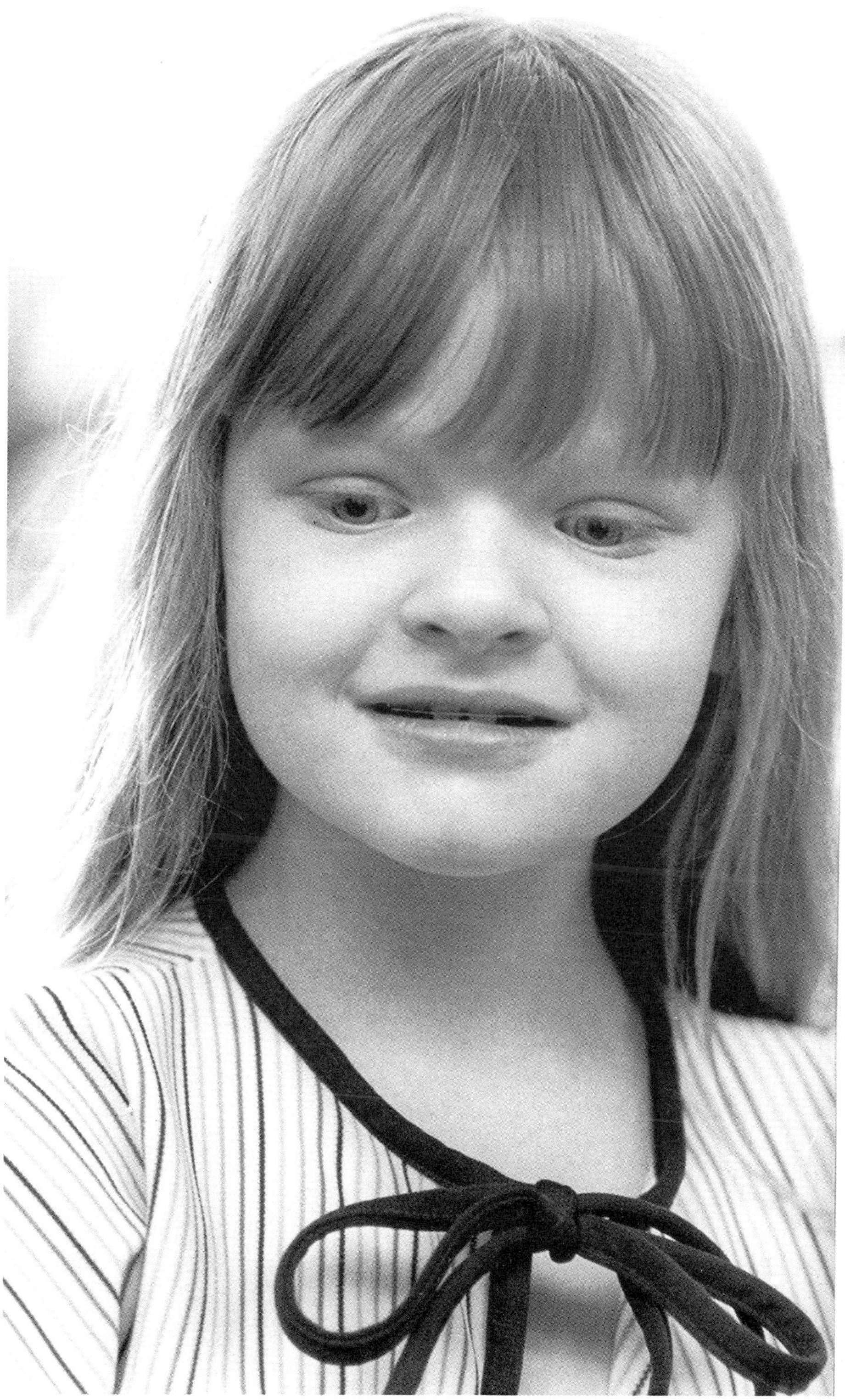

Ich bringe ein schon gerupftes und ausgenommenes Huhn mit in die Klasse. Ich erkläre die einzelnen Körperteile. Die Kinder möchten das Huhn untersuchen. Einige trauen sich aber noch nicht, das Huhn anzufassen. Als erste überwindet Jenny ihre Scheu.

Wir bekommen ein Küken

Das Ausbrüten von Hühnereiern ist der bisherige Höhepunkt unserer Erlebnisse, es ist ein wunderschönes, fast mystisches Abenteuer.
Am besten wäre es, eine Henne und einen Hahn im Klassenzimmer zu halten und die Henne dort brüten zu lassen. Da sich das aber in der Schule schwer machen läßt, bitte ich Leonas Großvater, mit uns einen Brutkasten zu bauen. Wir besorgen Plexiglas, sägen es in kleine Stücke und schrauben es auf eine Holzunterlage. Mit Plastikverbindungen halten wir Dach und Seiten zusammen. Eine Schreibtischlampe, die wir auseinandergenommen haben, mit einer 40 Watt-Birne hält die Temperatur gleichmäßig bei 38°. Unter die Glühbirne stellen wir einen Deckel mit Wasser, der für die nötige Feuchtigkeit sorgt. Dann brauchen wir noch einen Kalender, um die Tage abzuhaken und uns so das Warten zu erleichtern, und drei Thermometer, um zu kontrollieren, ob überall im Brutkasten die Temperatur gleichmäßig hoch ist.
Ich kaufe zehn befruchtete Eier im Institut für Geflügelmedizin der Freien Universität. Genau wie eine Henne, die zehn Eier ausbrütet, indem sie pro Tag eins legt, es kalt werden läßt, bis alle zehn beieinander sind, und sich dann auf alle zusammen setzt, legen wir alle zehn Eier, die vorher kühl gelagert waren, auf einmal unter die warme Glühbirne und beginnen mit der Brutzeit von 21 Tagen.
Martin hilft mir dabei, die Eier in den Brutkasten zu legen. Zweimal täglich wenden wir die Eier, vorsichtig wie die Henne, zuerst Patricia, dann Miriam. Jeder kommt einmal dran.
Ich bitte Birthe, frisches Wasser für den Brutkasten zu holen. Sie hat Angst, daß sie es verschütten wird. Martin bietet sich an, es für sie zu tun. Ich sage zu Birthe, daß sie es morgen bestimmt schaffen wird.

Wir sehen uns das Buch „Die Henne und das Ei" an und erfahren, wie sich das Küken im Ei entwickelt: Zuerst wird der Embryo als kleiner roter Blutfleck erkennbar, der mit dem Eigelb wie mit einer Nabelschnur verbunden ist. Aus dem Eigelb bezieht das Küken-Embryo also

seine Nahrung. Bis zum 19. Tag hat es allmählich das ganze Eigelb aufgesogen. Das Eiweiß umgibt es wie eine schützende Hülle.
Bevor sich die Henne auf die Eier setzt, rupft sie sich Federn unter der Brust aus, um mit der freigelegten warmen Haut die Eier zu bedecken.
Ich öffne meine Bluse und zeige meinen warmen Bauch, der viel wärmer und weicher ist als mit Kleidern darüber. Die Kinder legen die Hände auf ihre Bäuche, um die Wärme zu spüren, die meisten spontan, nur Birthe und Ivonne zögern. Bald aber spüren wir alle „unseren" Brutfleck und haben Spaß daran.
Jenny guckt immer wieder in dem Buch „The Wonderful Egg" nach, wie unsere Küken jetzt wohl aussehen werden: Sie leben in einer kleinen Luftblase am dicken Ende des Eies, die bis zum Ausschlüpfen ausreicht.

Schließlich, am 21. Tag, beginnt ein kleiner Schnabel scharfe Zacken in die Schale zu picken – leider erst am späten Nachmittag, und die Kinder sind schon nach Hause gegangen! Sechs Stunden lang dauert die Geburt unseres Kükens, und aufgeregt sitze ich mit der Fotografin und ihren Kindern um den Brutkasten. Immer mehr Risse kommen in die Eierschale, und dann wird es zwischendurch wieder ganz still in dem Ei, als ob unser Küken kaum noch Kraft hätte. Aber man darf dem Küken nicht aus der Schale helfen: Wenn seine Kraft nicht ausreicht, ist es auch nicht kräftig genug für das Leben. Bei der Geburtsarbeit kräftigt es seine Muskeln! Dann endlich, um 11 Uhr nachts, schlüpft unser Küken mit einem letzten kräftigen Stoß aus – und fällt gleich in die Wasserschale. Zitternd vor Aufregung holen wir es ganz vorsichtig und liebevoll heraus – es wäre sonst ertrunken, so erschöpft ist es von der schweren Arbeit! Aber auf dem trockenen Heu erholt es sich schnell, und rasch ist sein bei der Geburt noch eiweiß-nasser Flaum getrocknet.

Ganz aufgeregt sind die Kinder am nächsten Morgen – aber auch enttäuscht, daß sie die Geburt ihres Kükens nicht miterlebt haben. Aber ich erzähle ihnen alles genau so spannend, wie es wirklich gewesen ist, und schnell haben die Kinder ihre Enttäuschung überwunden. Das Küken ist nicht ganz so gelb und flauschig, wie wir es erwartet haben, und steht auch noch etwas unsicher auf seinen kleinen Beinen – aber die Kinder lieben es sofort! Schließlich gehört es uns, wir haben es ja ausgebrütet!

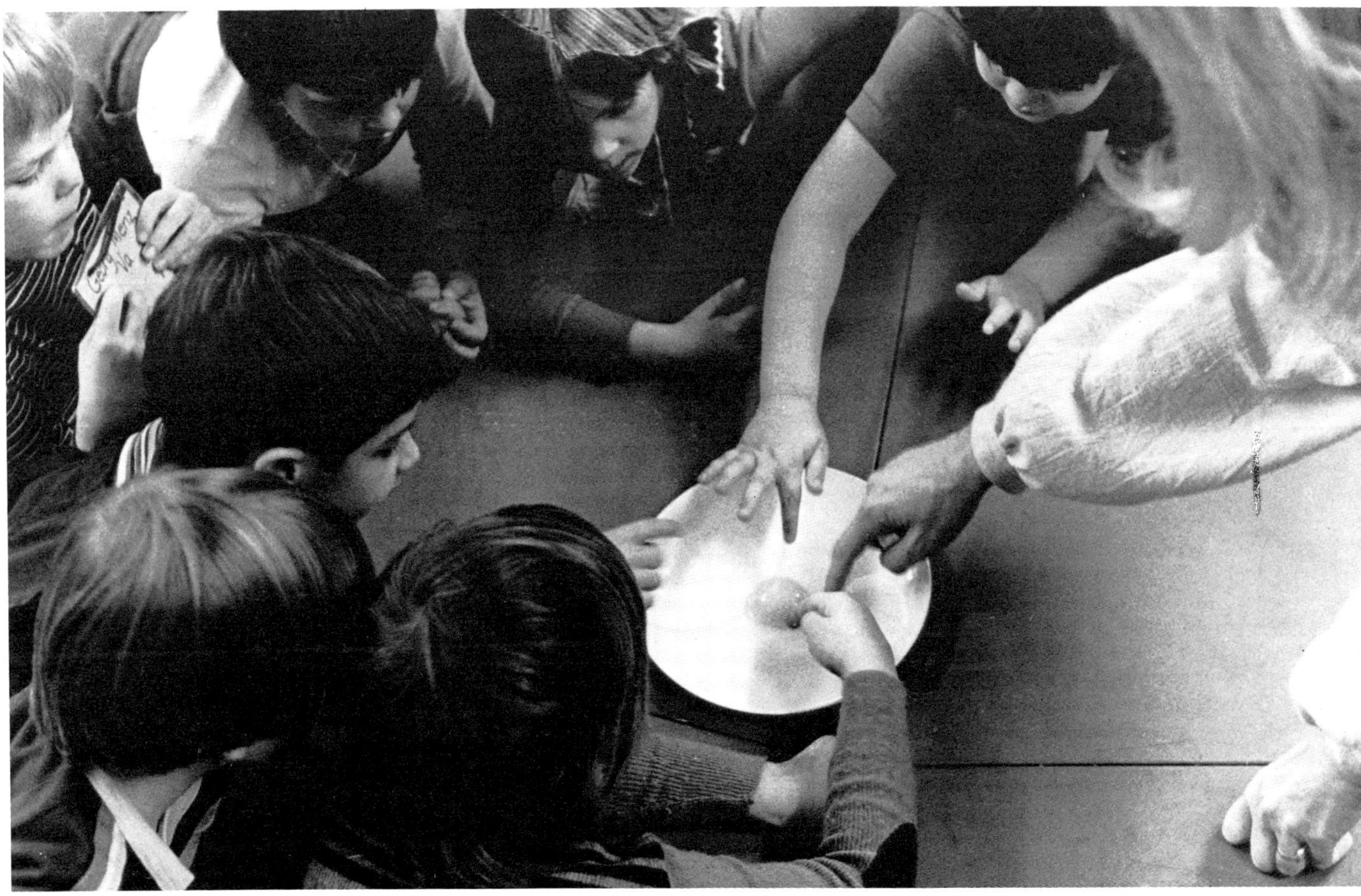

Wir sehen uns das Buch „Die Henne und das Ei“ an und erfahren, wie sich das Küken im Ei entwickelt: Zuerst ist nur ein kleiner roter Blutfleck da, der mit dem Eigelb wie mit einer Nabelschnur verbunden ist. Aus dem Eigelb zieht das Küken-Embryo seine Nahrung – bis zum 19. Tag hat es das ganze Eigelb aufgesogen. Das Eiweiß umgibt es wie eine schützende Hülle.

Bevor sich die Henne auf die Eier setzt, rupft sie sich Federn unter der Brust aus, um mit der freigelegten warmen Haut die Eier zu bedecken – das ist ihr Brutfleck!

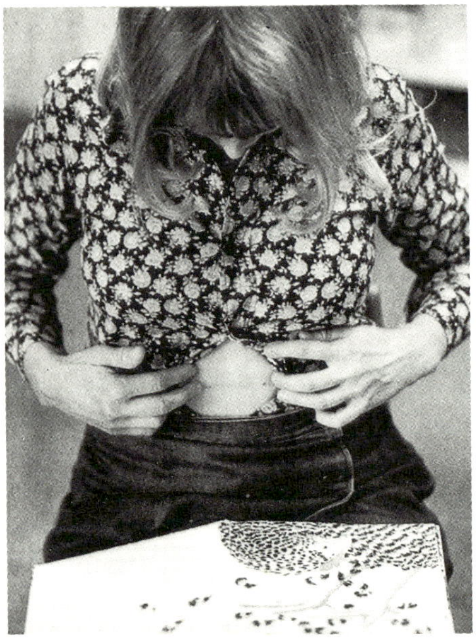

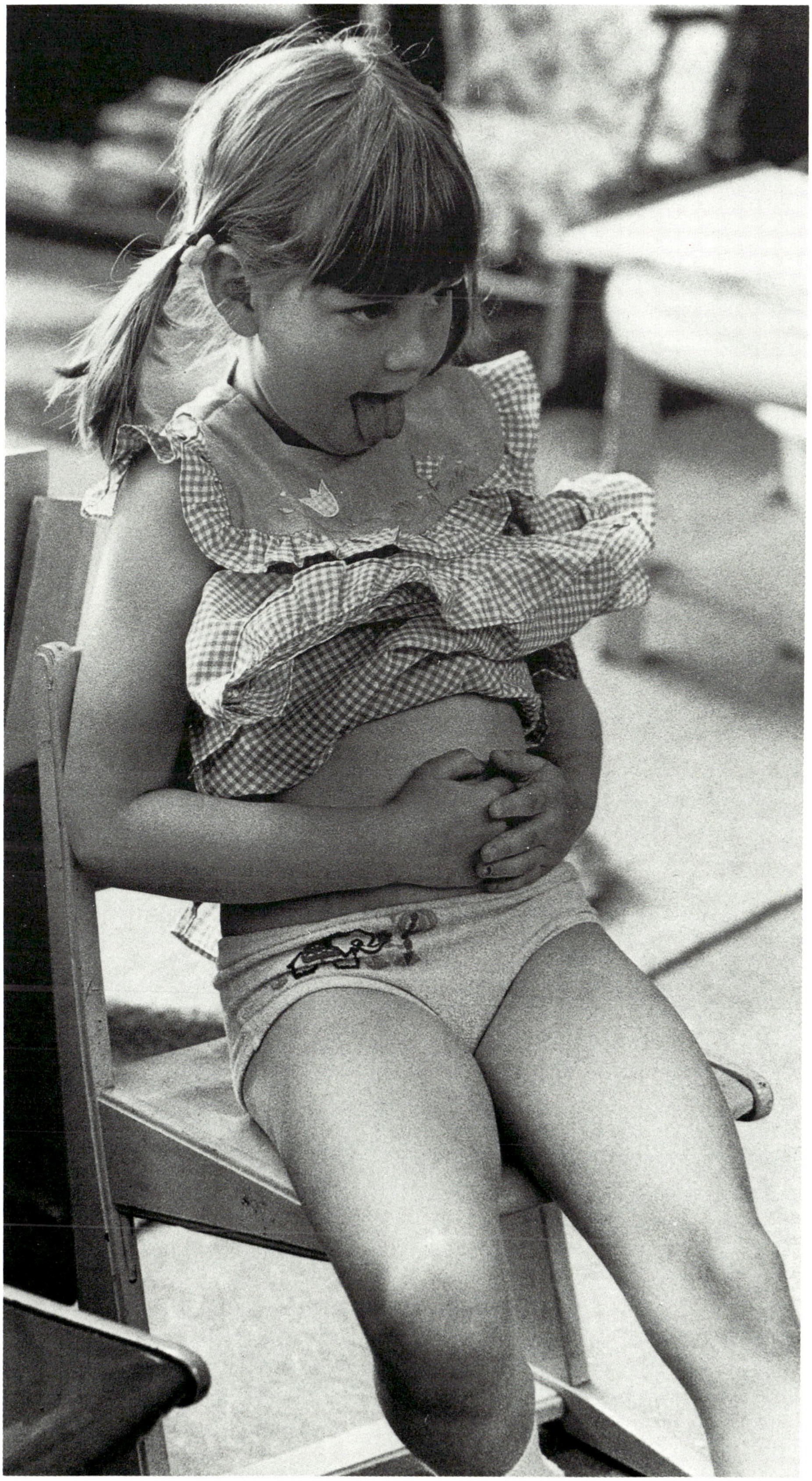

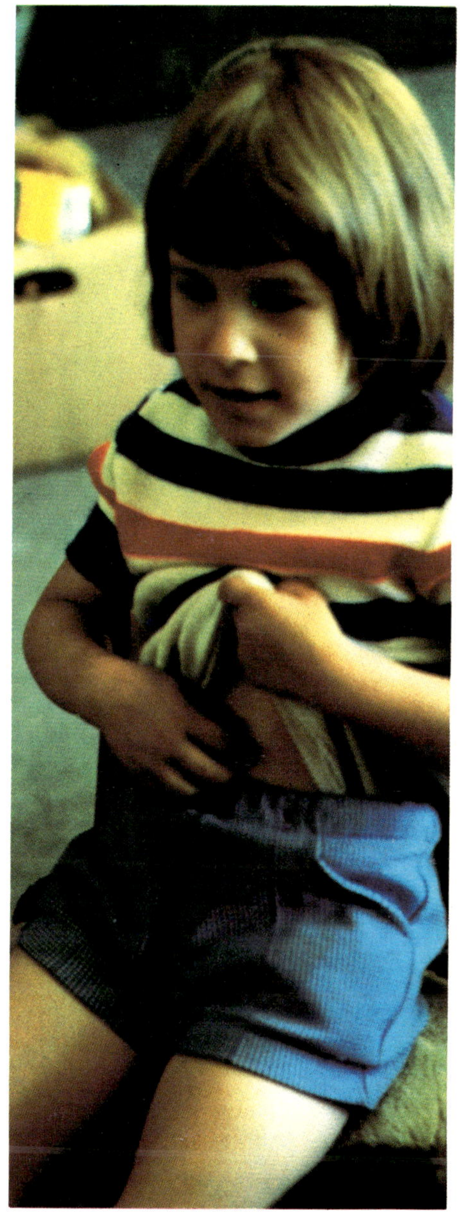

Ich öffne meine Bluse und zeige meinen warmen Bauch, der sich jetzt viel wärmer und weicher anfühlt als mit Kleidern darüber. Jetzt legen auch die Kinder die Hände auf ihre nackten Bäuche, um die Wärme zu spüren – die meisten spontan, nur Birthe und Ivonne zögern, bald aber fühlen wir alle „unseren" Brutfleck und haben Spaß daran.

Leonas Großvater hat mit uns einen Brutkasten gebaut. Jetzt brauchen wir noch eine 40 Watt-Birne, drei Thermometer, um zu kontrollieren, ob überall im Brutkasten die Temperatur gleichmäßig bei 38° liegt, und einen Deckel mit Wasser, der für die nötige Feuchtigkeit sorgt.
Ich kaufe zehn befruchtete Eier im Institut für Geflügelmedizin, und dann legen wir alle zehn Eier auf einmal unter die warme Glühbirne und beginnen mit der Brutzeit von 21 Tagen.

Martin hilft mir, die Eier in den Brutkasten zu legen. Zweimal täglich wenden wir die Eier, vorsichtig wie die Henne, zuerst Patricia, dann Miriam. Jeder kommt einmal dran.

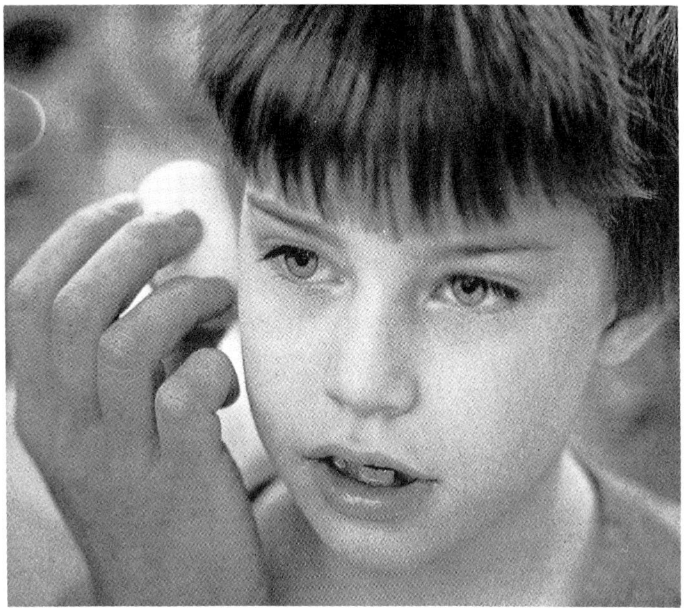

Alle sind stolz auf das häßliche Küken, und es ist nicht leicht, die neugierigen Hände vom Kasten wegzuhalten. Wir hoffen immer noch, daß auch aus den anderen Eiern Küken schlüpfen, aber nichts rührt sich. Nach dem 24. Tag geben wir es auf (etwa am 17. Tag war nachts in der Schule der Strom ausgefallen!). Ich werfe die Eier weg – unser Küken bleibt allein, ohne Geschwister. Aber schlimmer noch, es hat keine Mutter, unter deren Gefieder es Liebe und Wärme findet. Ich lese die Geschichte „Are You My Mother" vor, die von einem Küken handelt, das ausschlüpft, während seine Mutter nach Futter sucht. Es ist sehr unglücklich, weint nach ihr und findet sie schließlich nach vielen Abenteuern.
Wir sprechen darüber, daß unser armes Küken keine Mutter hat und bringen ihm ein Stoffhuhn mit. Jeden Tag darf einer nach dem anderen vorsichtig das Küken streicheln, dazu müssen aber alle leise sein.

Ob denn jetzt bald das nächste kommt? Aber so aufmerksam wir an den Eiern horchen, nichts rührt sich drinnen. „Leben die denn nicht mehr?" Wir sind traurig, haben die Hoffnung aber noch nicht aufgegeben. Es ist ja erst der 22. Tag!

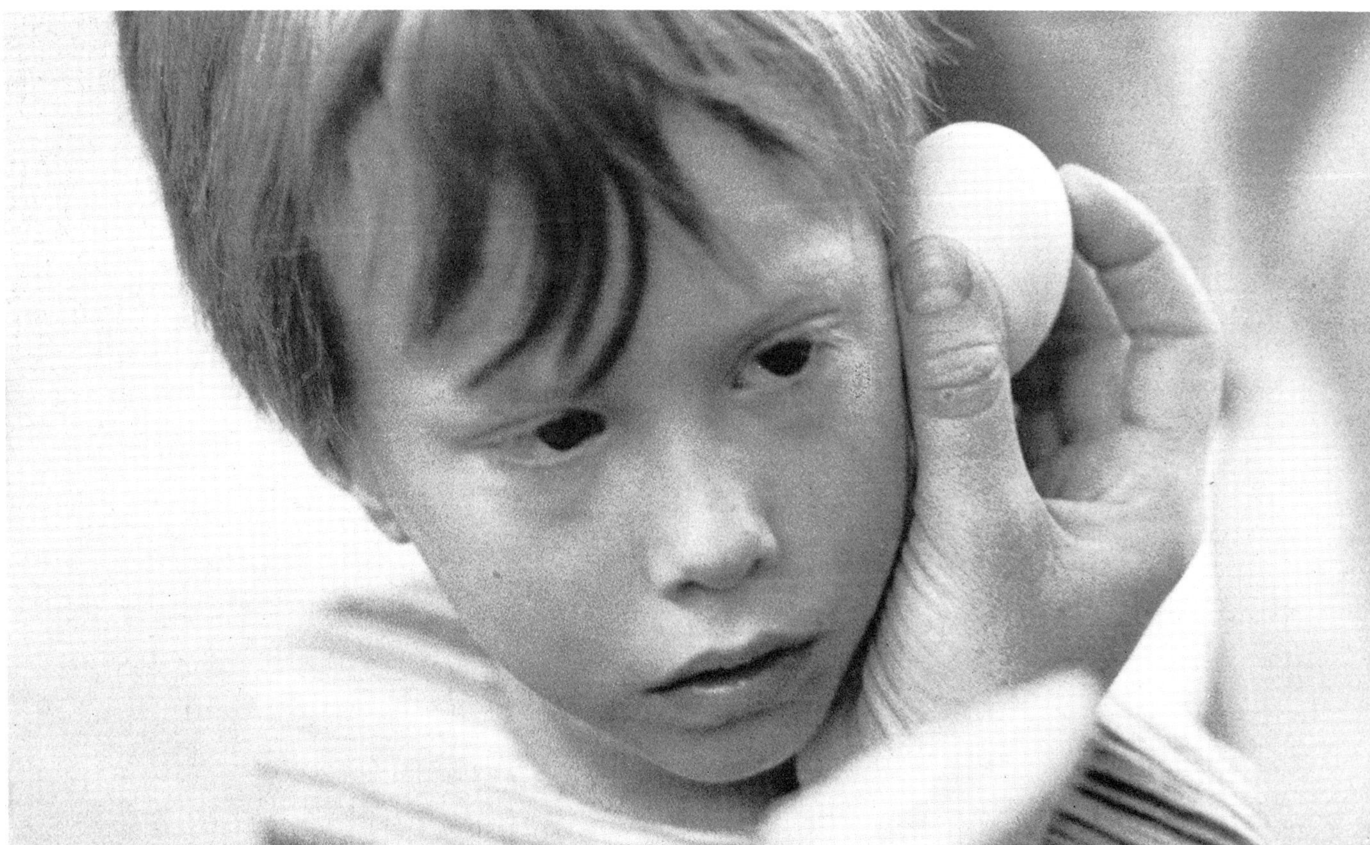

Unser Küken hat keine Mutter und keine Geschwister. Anja bringt ihm ihr Stoffküken mit. Jeden Tag dürfen alle der Reihe nach ganz zart das Küken nehmen und streicheln. Wir müssen aber leise sein, damit wir es nicht erschrecken.

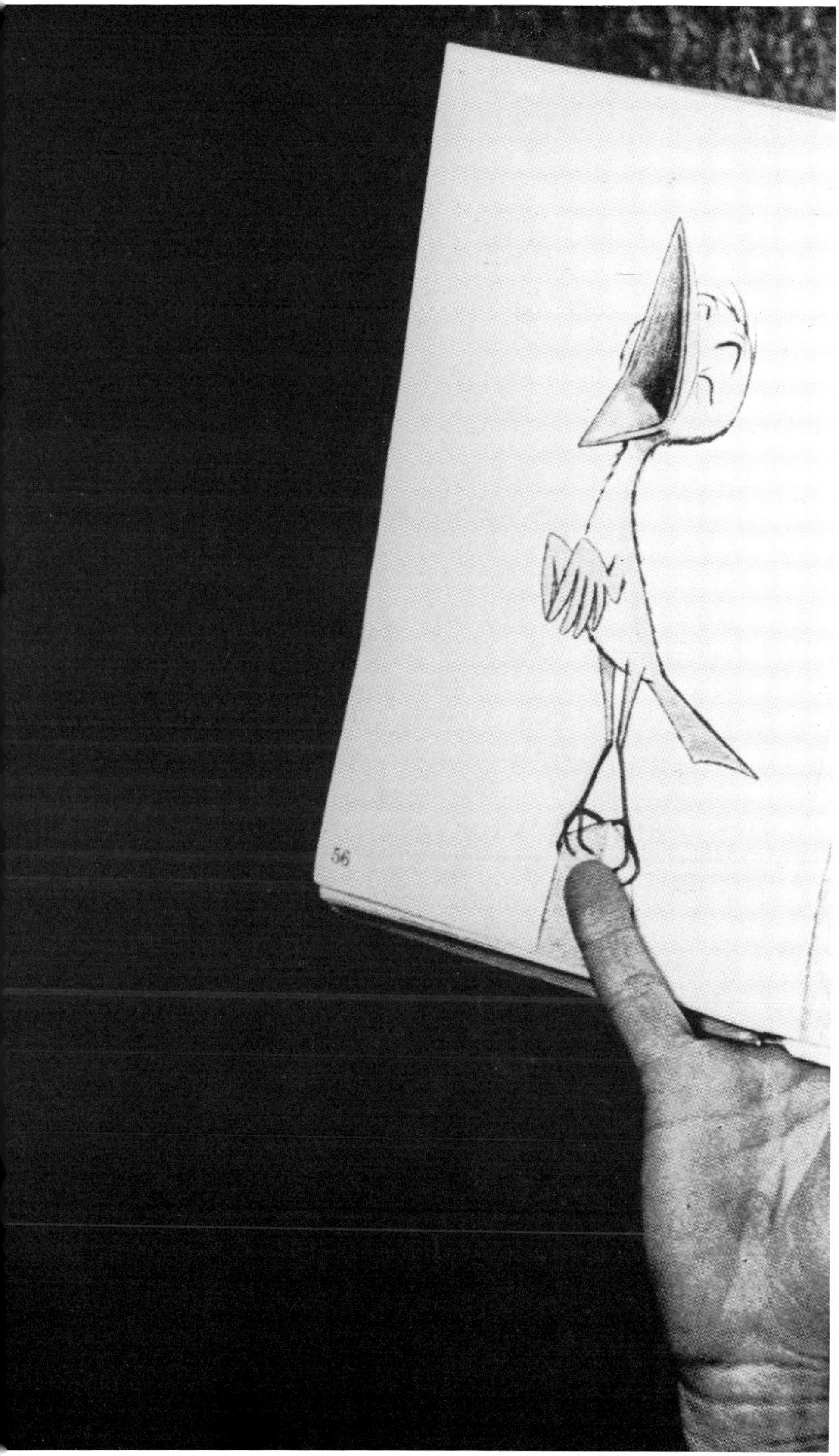

Ich lese die Geschichte von einem Vogelbaby vor, das ausschlüpft, während seine Mutter nach Futter sucht. Es ist sehr unglücklich und weint nach ihr. Nach vielen Abenteuern finden sie sich wieder.

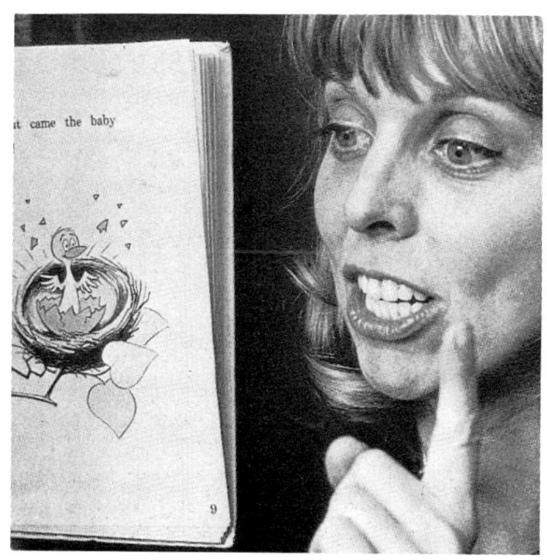

Am 24. Tag geben wir auf, und ich werfe die Eier weg. Wir haben viele Bilder von unserem kränklichen Küken gemalt. Es hat sich auch schon ein bißchen erholt. Klaus sagt: „Ich will die Küken malen, die noch in den Eiern sind!“

nser

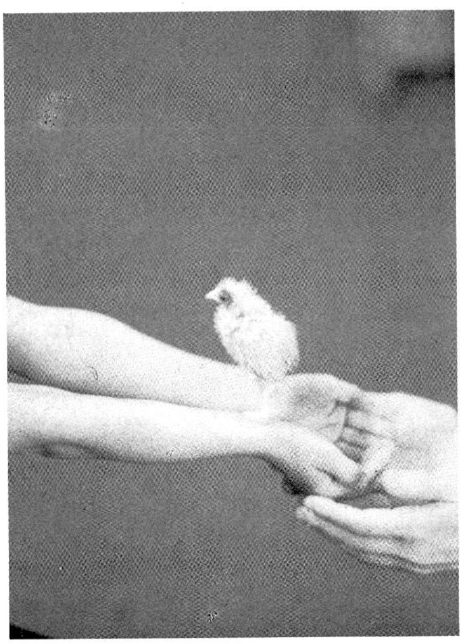

Nach 14 Tagen beschließen wir: Unser Küken muß zu Steffis Hühnern. Es ist kräftig geworden, und wir bringen es in seinem Kasten dorthin. Steffis Mutter paßt gut auf, daß es von den anderen Hühnern angenommen wird, sie erzählt uns nach ein paar Wochen, daß unser kleines Küken schon richtig groß geworden ist und sich gegenüber den älteren Hühnern gut durchgesetzt hat. Wir werden es bald besuchen.

Komm liebe Spinne

Auf dem Hof schreit Claudia laut vor Schreck, daß ich ganz schnell kommen soll! Sie zieht mich zum Klettergerüst, wo ein lieber Weberknecht friedlich entlangspaziert. Ich nehme ihn vorsichtig in die Hand und zeige ihr, wie sehr der Arme leidet, denn er hat nur fünf Beine. Alle Kinder wollen ihn nun betrachten und dann auch in die Hand nehmen, aber unser Weberknecht will fliehen und läßt sich zum Boden hinab. Da kommt Rouven angelaufen und trampelt ihn tot. Claudia und ich sind traurig, und die anderen Kinder schimpfen auf Rouven. Er hat das Gefühl, daß er sich verteidigen muß: „Aber die sind doch gefährlich", sagt er. „Stimmt das, Nancy?" fragen die anderen.

Ich erkläre den Kindern, daß die meisten Kinder und Erwachsenen sich vor Spinnen ekeln und Angst vor ihnen haben, diese Angst aber völlig ungerechtfertigt ist. Es gibt nur ganz wenige Arten, deren Biß für Menschen tatsächlich unangenehm oder gar gefährlich werden kann. Die meisten Spinnen sind nicht einmal in der Lage, die menschliche Haut zu durchbeißen. Gefährlich sein kann die „Schwarze Witwe", wir erkennen sie jedoch leicht an der roten sanduhrförmigen Figur und den orangefarbigen Flecken auf ihrem tiefschwarzen Hinterleib. Und eine „Schwarze Witwe" spaziert bestimmt nicht auf unserem Hof herum, da sie sich am liebsten in dunklen Ecken aufhält! Die Kinder staunen, als sie hören, daß Spinnen sogar eine große Hilfe für uns sind, weil sie dafür sorgen, daß sich die kleineren Insekten nicht ins Unermeßliche vermehren.

Ich spüre jedoch, daß Rouven immer noch große Angst vor Spinnen hat, und beschließe, zunächst einmal eine präparierte Spinne zu kaufen, um ihm und den anderen Kindern die Angst zu nehmen.

Heute habe ich eine präparierte Spinne mitgebracht und dazu noch drei lebendige aus dem Garten. Zuerst nehme ich die leblose Spinne in meine Hand und streichle sie. Dabei lobe ich sie, weil sie so nützlich für die Menschen ist, und erkläre den Kindern, daß wir sie schützen müssen. Dann will Erwin die Spinne halten. Das ist ein Ansporn für die anderen Kinder. Zuerst sind es nur ein paar Hände, dann folgen alle anderen, keiner will ausgeschlossen sein. Lupen werden herumgereicht, die Beine gezählt, nachgeschaut, ob sie Augen hat (manche Nachtjäger oder die Spinnen, die im Dunkeln leben, haben perlweiße Augen). Die Kinder zählen die Körperteile – Spinnen haben im Gegensatz zu anderen Insekten mit drei Körperteilen nur zwei. Sie suchen nach den zwei Organen am Kopf, die dazu benutzt werden, die Beute zu fangen. An diesen Greifern gibt es eine kleine Öffnung oder einen Haken für das Gift, mit der die Spinne ihre Beute (z. B. Fliegen oder Motten) betäubt, um sie dann mit Spinnseide einzuwickeln. Dann beißt sie die Beute auf und saugt die Säfte des Insekts heraus. Sie frißt nie das ganze Insekt.

Unsere präparierte Spinne wird so strapaziert, daß sie schließlich auseinanderfällt. Nun ist es Zeit, die lebendige herauszuholen. Auch für mich ist das ein ungeheures Erlebnis, der verletzte Weberknecht war schließlich die erste richtige Spinne, die ich in die Hand genommen hatte! Aber kein Kind wird sich trauen, wenn es merkt, daß ich selbst zögere, und siehe da, es geht. Die Spinne kitzelt auf meiner Hand, beißt aber nicht. Jetzt kann ich beruhigt allen Kindern zureden, sich die Spinne über die Hand laufen zu lassen. Ich merke, daß manche Kinder Angst haben, die Spinne könne sich endgültig bei ihnen niederlassen oder sogar in ihren Ärmeln verschwinden. Also schlage ich den Kindern vor, die Hände zusammenzulegen wie zu einer Straße, damit die Spinne nur kurz über ihre Hände läuft. Ein Tip für Überängstliche: Wenn man die Hand weit auseinanderspreizt, spürt man die Spinne kaum. So habe ich selbst Tommy dazu gebracht, sich zu überwinden. Er lächelt stolz, als ich ihm immer wieder versichere: „Von jetzt ab wirst du nie wieder Angst vor Spinnen haben!"

Mit einer Spinne kann man Jo-Jo spielen. Das finden die Kinder sehr lustig und vergessen ihre Angst. Die Spinne befestigt ihre Spinnseide an der Hand und läßt sich auf den Boden hinunter, und wenn man die Hand nach unten auf die Spinne zu bewegt, läuft sie am Faden entlang wieder zurück zur Seide an der Hand.

Wir versuchen, unsere Gartenspinne dazu zu bewegen, in der Klasse ein kreisförmiges Netz zu spinnen. Wir tun zwei Zweige in eine Blumenvase mit Erde. Die Blumenvase stellen wir in ein großes Becken mit Wasser. Wir hoffen, daß die Spinne ihr Netz zwischen den beiden Zweigen spinnen wird, aber irgendwie gelingt es ihr, aus dem Bereich des Wassergrabens zu flüchten. Wir finden sie zwischen den Bauklötzen, und beim Versuch, sie einzufangen, wird sie getötet.

Ich sage den Kindern, daß sie bei Spinnweben nach einem perlweißen Säckchen aus schwerer Seide mit Eiern suchen sollen; wir könnten es in einen Glasbehälter mit Deckel tun und warten, bis die Jungspinnen schlüpfen. Gleich bei der Geburt sehen sie wie Spinnen aus und machen keine Verwandlung durch wie Ameisen oder andere Insekten.

Jungspinnen müssen jedoch sofort freigelassen werden, wenn sie geschlüpft sind, sonst fressen sie sich gegenseitig auf. Wenn sie frei sind, spinnen sie einen langen seidenen Faden – Mariengarn genannt – und warten darauf, daß der Wind sie davonträgt.

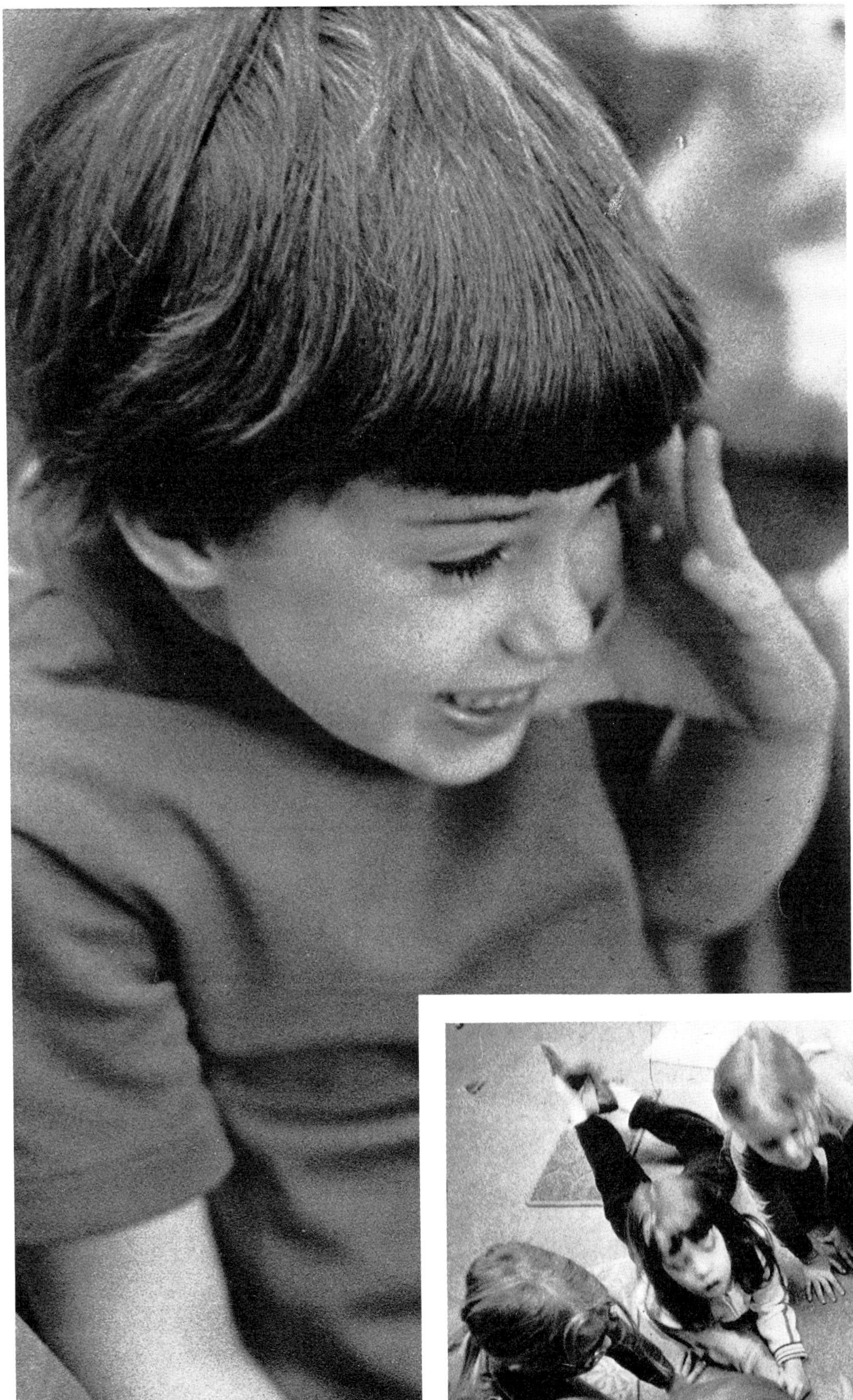

Nach dem Frühstück sage ich, daß ich eine Überraschung habe. Ich setze mich auf den Fußboden und öffne das Kästchen mit der präparierten Spinne. Als

ich sie auf meine Hand nehme und streichle, schreien viele Kinder: „Iiiih!!!“ Ich streichle weiter und lobe die Spinne und erzähle, was sie alles für uns Menschen tut. Langsam kommen die Kinder näher. Schließlich will Erwin die Spinne in die Hand nehmen. Jetzt möchten alle sie anfassen.

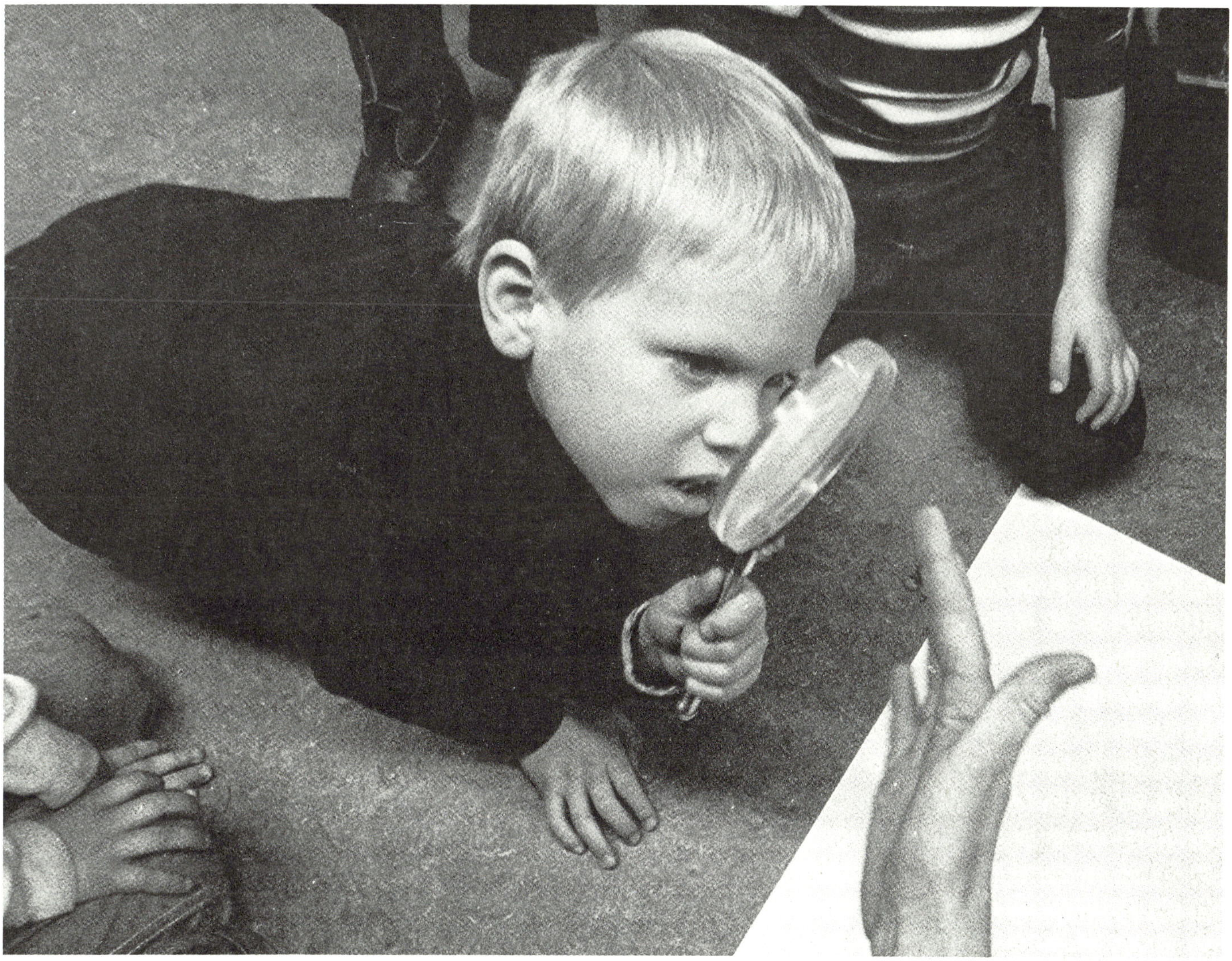

cay.
Mold help

Wir basteln Spinnen aus Pfeifenstopfern und Eierkartons. Aus Ton formen wir Schnecken, Würmer und Käfer. Andrea will eine Schnecke sein und mit ihren Fühlern fühlen, wann sie Rouven, der Spinne, begegnet. Die Spinne Rouven muß ganz schnell krabbeln, Andrea rutscht langsam auf ihrem Bauch durch den Klassenraum.

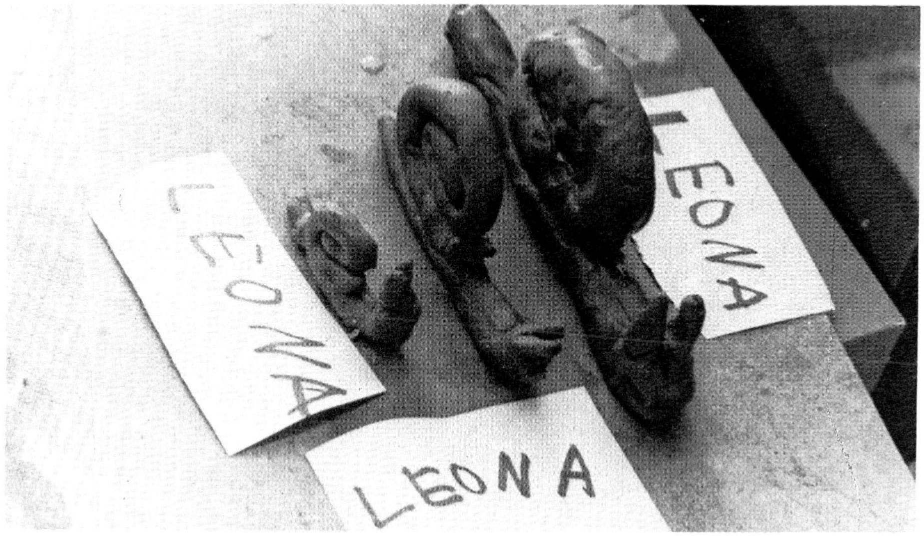

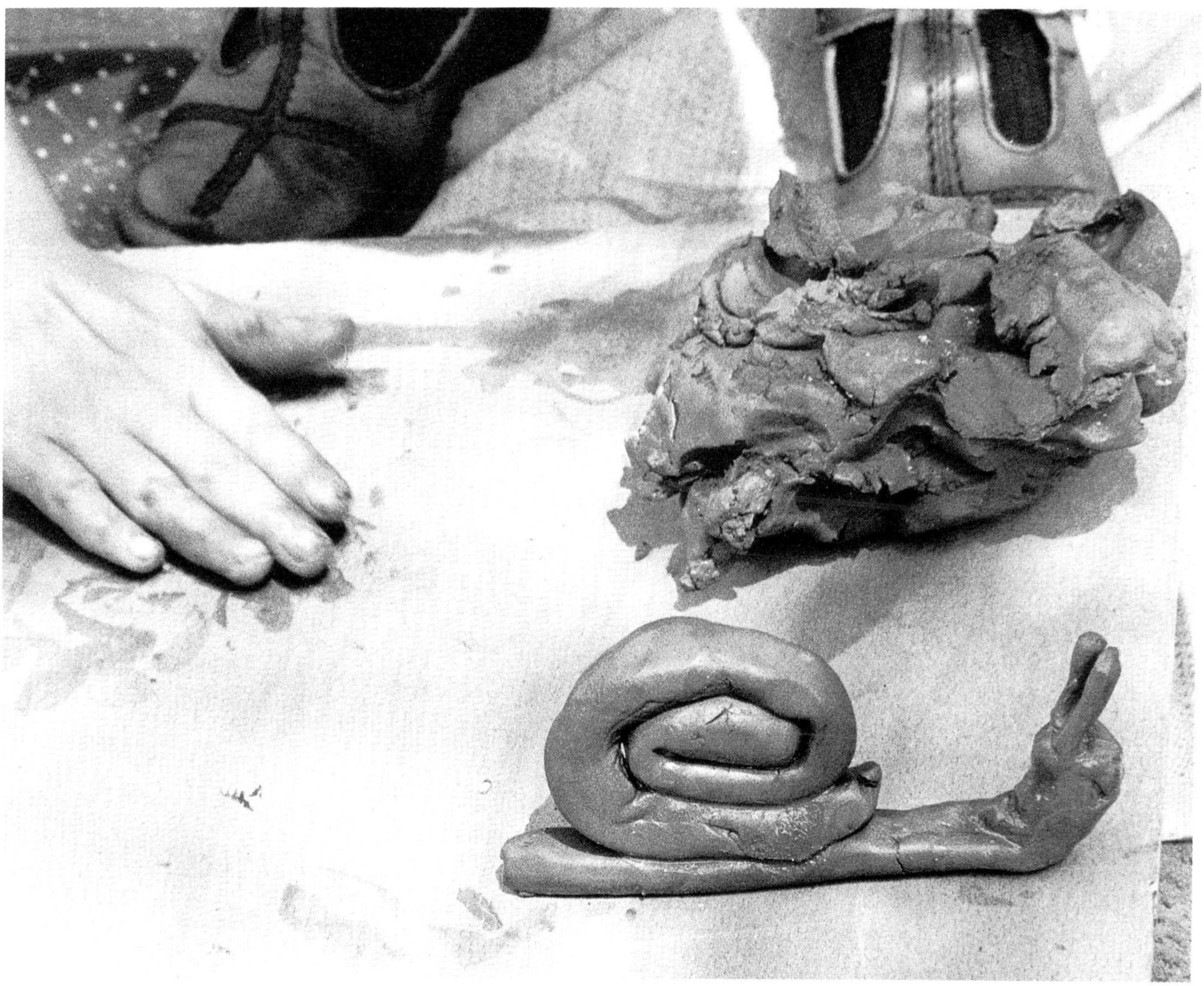

KIOSCO

Aus unserer Raupe wird ein Schmetterling

Jenny findet eine Raupe in ihrem Garten und bringt sie in die Klasse. Die Raupe geht von Hand zu Hand, selbst Birthe nimmt sie – sie weiß jetzt, wenn sie die Finger nur weit genug spreizt, wird sie die Raupe nicht spüren. Ich frage Jenny, ob wir die Raupe in der Klasse behalten dürfen. Die Kinder sollen immer frische Blätter mitbringen, bis sich die Raupe einen Kokon baut. Wenn wir dann Glück haben, werden wir vielleicht erleben, wie sie sich in einen Schmetterling verwandelt. Alle sind begeistert. Wir legen die Raupe in ein Glas, das wir mit einem Nylonstrumpf und einem Gummiband zumachen.
Täglich wird das Glas geöffnet, die Raupe befühlt und gefüttert. Dabei habe ich Angst, daß sie zerdrückt werden könnte.

Unsere Wartezeit ist lang. Ich erzähle den Kindern, daß fast alle Insekten aus Eiern schlüpfen; ehe sie soweit sind, müssen sie verschiedene Wachstumsphasen durchlaufen. Manche ändern dabei ihre ganze Form – einige werden nur größer. Alle Insekten haben zuerst eine weiche Haut, die allmählich hart wird und sich dann nicht mehr dehnen kann. Wenn die Insekten wachsen, müssen sie ihre Haut wechseln, sie häuten sich. Eine neue Haut wächst unter der alten, die alte springt auf, und das Insekt windet sich mit seiner neuen Haut heraus.
Auch Raupen schlüpfen aus Eiern. Sie häuten sich mehrere Male, bis sie einen Kokon bauen, und darin wandeln sie sich dann in ungefähr vier Wochen zum Schmetterling. Wenn sich der Schmetterling aus dem Kokon herausgewunden hat, wächst er nicht mehr. Er ruht sich so lange aus, bis seine zerknitterten Flügel getrocknet sind – und dann kann er schon fliegen.

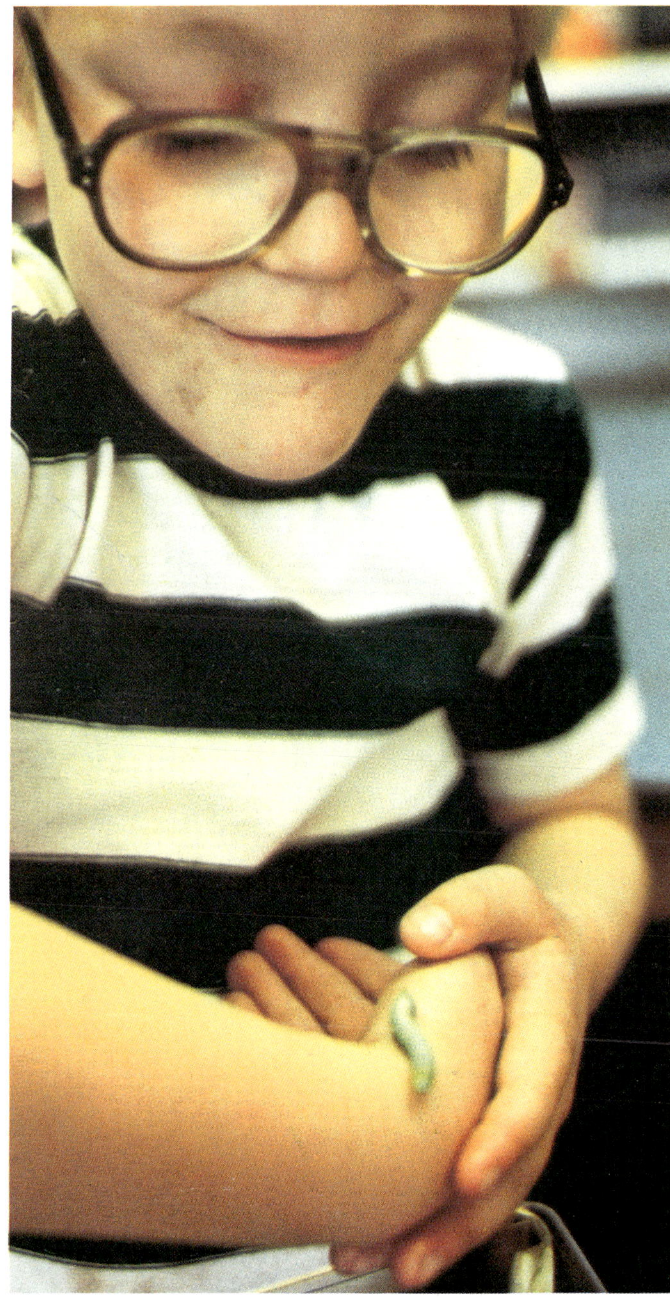

Mit einem Nylonstrumpf und einem festen Gummiband verschließen wir das Glas, damit unsere Raupe nicht wegkriechen kann.

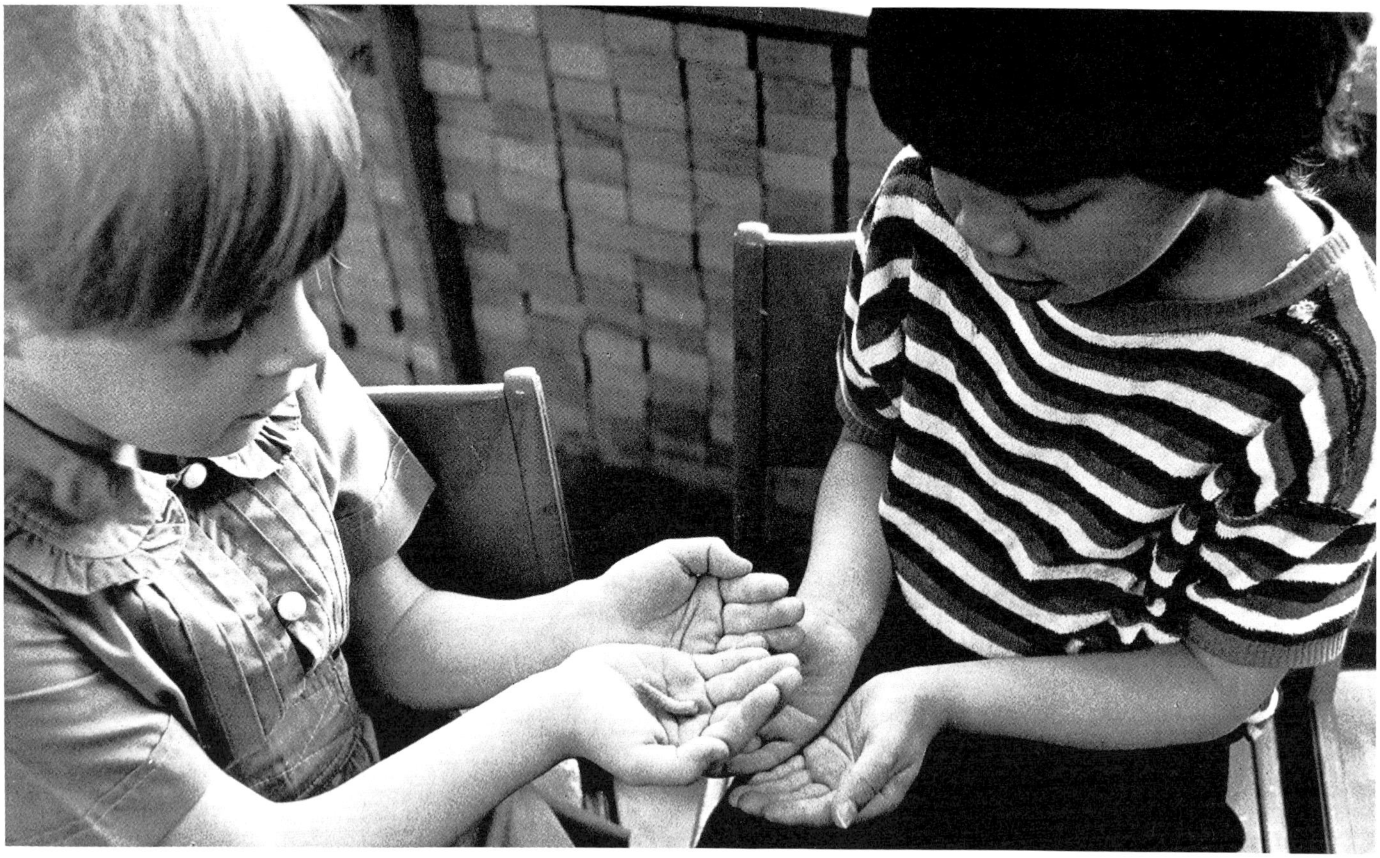

Die Raupe geht von Hand zu Hand. Aber vorsichtig, wir wollen sie nicht zerdrücken!

Ich lese die Geschichte von der „Raupe Nimmersatt" (Eric Carlé) vor. Obwohl eine Raupe nur die Blätter dort frißt, wo der Mutterschmetterling das Ei gelegt hat, frißt unsere Bilderbuchraupe sich durch Schokoladentörtchen!
Wir sehen viele Bilder von Schmetterlingen an und sind gespannt, was für ein Schmetterling aus unserer Raupe schlüpfen wird.

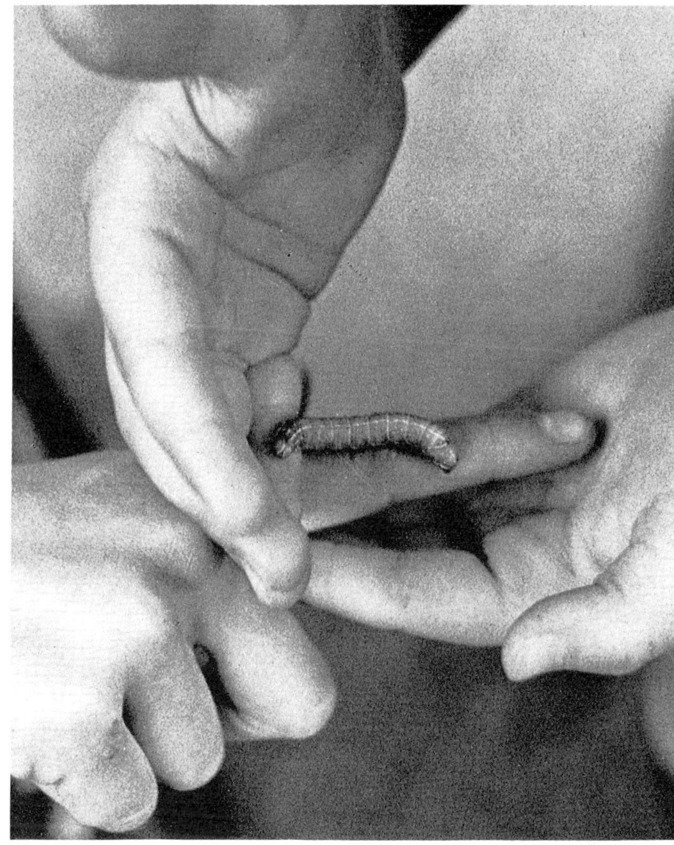

Eines Morgens großes Jubeln: Aus dem Kokon windet sich – eine Raupe? Als wir genau hingucken, ist es doch ein Schmetterling, bloß hat er nasse Flügel, die eng an ihm kleben. Er klettert hoch auf den Ast im Weckglas und ruht sich aus. Als seine Flügel trocken sind, nimmt Jenny ihn vorsichtig heraus; er sitzt auf ihrer Schulter und schaut sich um. Dann will er zum Fenster hinausfliegen, aber Jenny möchte ihn unbedingt mit in ihren Garten nehmen. Sie rennt wie besessen hinter ihm her, und freut sich, als sie ihn endlich eingefangen hat.
Wir bewundern sie alle, aber sie sagt nur: „Ist doch klar, daß er zu mir kommt. Er ist doch mein Kind!"

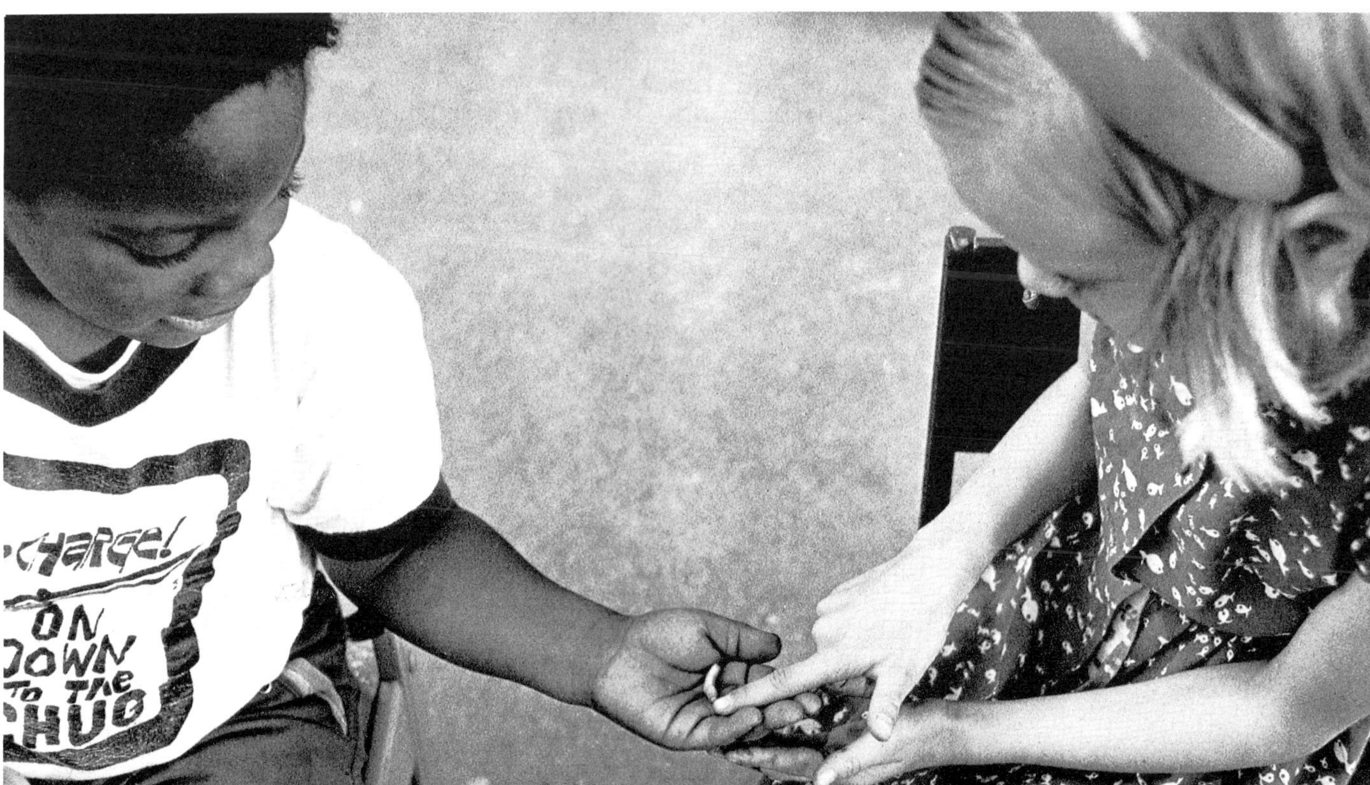

Haustiere und ihre Kinder

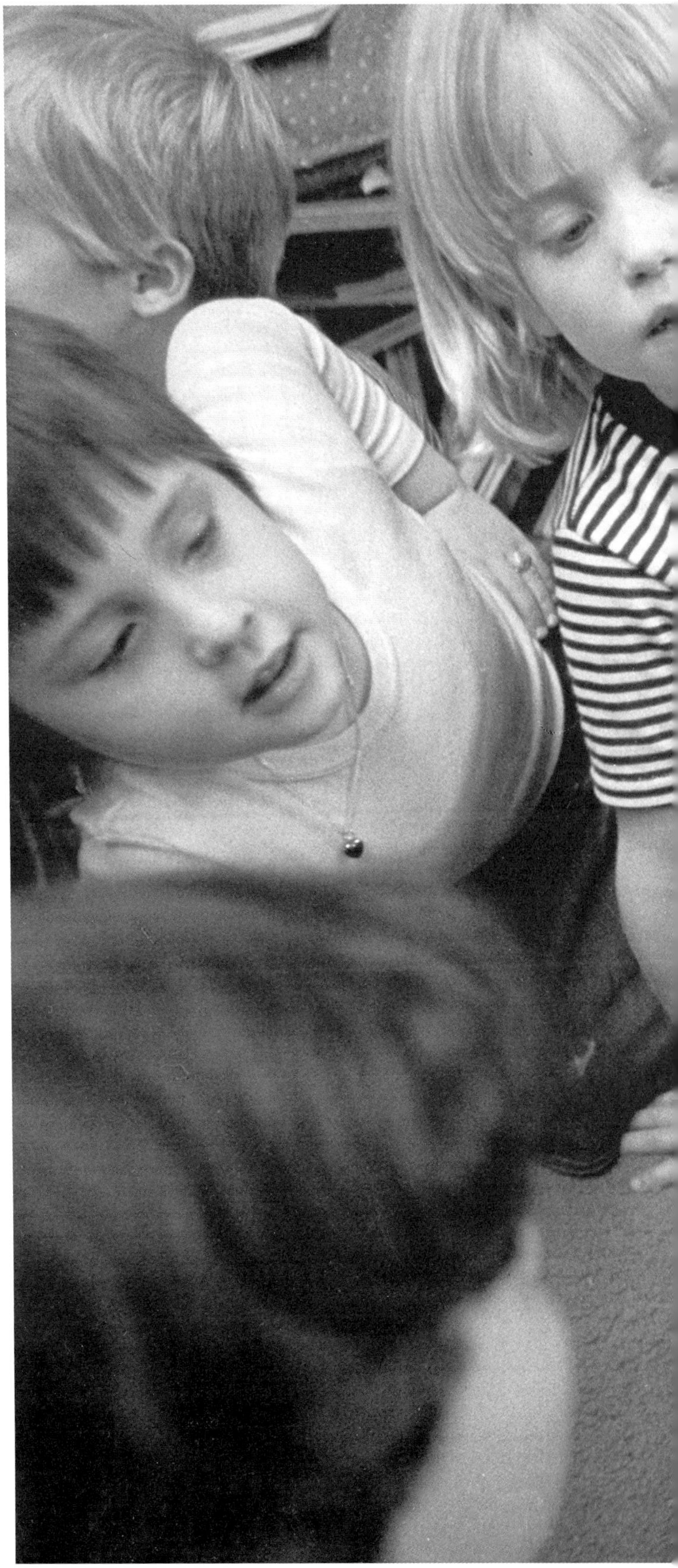

Eines Tages erzählt Benni, daß sein Pudel Goldi drei kleine Babys bekommen hat. Ich frage ihn, ob er sie einmal mitbringen möchte und gebe ihm einen Brief für seine Mutter mit. Abends ruft die Mutter mich an, und wir vereinbaren, daß sie Goldi mit ihren Babys regelmäßig einmal wöchentlich zu uns bringt. So können wir die Entwicklung der jungen Hunde gut beobachten.
Zwei Tage später strahlt Benni: „Heute bringt meine Mutter unsere Goldi mit ihren drei Babys in die Schule!" Es ist Bennis Tag! Stolz zeigt er seinen „Wurf". Jenny möchte wissen, ob es Jungen oder Mädchen sind. Bennis Mutter hebt die kleinen Hunde hoch und zeigt die Geschlechtsteile: zwei Jungen und ein Mädchen!
Noch haben sie ihre Augen geschlossen; aber wenn sie 11 bis 13 Tage alt sind, werden sie sie öffnen. Anfangs hören Hunde auch nichts, weil ihre Ohren ebenfalls noch geschlossen sind. Am 14. Tag sind aber auch sie offen.
Ich erzähle, daß die Babys in einem durchsichtigen Sack geboren werden. Die Mutter beißt den Sack auf, und heraus kommt ein Baby, das noch mit der Mutter durch einen Schlauch, der Nabelschnur, verbunden ist. Während das Baby im Mutterleib wächst, bekommt es durch den Schlauch Blut, und mit diesem Nahrung und Sauerstoff. Die Mutter beißt die Nabelschnur durch (das Baby muß nun alleine atmen und essen) und leckt den kleinen Hund, bis er sauber und trocken ist. Sie muß auch an den Genitalien lecken, sonst kann das Baby kein Pipi machen.
Nacheinander werden nun weitere Babys geboren. Hunde können bis zu sechs Junge haben. Die kleinen Hunde krabbeln blind und stumm zu den Zitzen ihrer Mutter und fangen an zu saugen, denn das können sie sofort.

Ich frage einen Freund, der Tierarzt ist, ob wir ihn bei seiner Arbeit in der Universitätsklinik besuchen können. Er stimmt zu, und als wir zu ihm kommen, führt er uns zu einem hochschwangeren Schwein. Er möchte uns sein Stethoskop vorführen, mit dem man die Herztöne der kleinen Schweinebabys hören kann.

Als wir herumstehen und warten, weil der riesige Apparat nicht funktioniert, hören wir plötzlich ein lautes Grunzen. „Es geht los!" ruft Jörg, und wir sehen atemlos zu, wie die Sau sich zur Seite dreht und ein kleiner Kopf aus ihrem Hinterteil kommt. Alles geht sehr schnell – schon ist ein kleines, blutbeschmiertes Ferkel zappelnd auf dem Stroh gelandet und wird von der Mutter abgeleckt. Sebastian erschrickt: „Iiih, Blut!" Viele Kinder sind erschrocken.

Dann dreht sich das Schwein wieder und schon rutscht das zweite Ferkel raus. Es sind vielleicht nur zwei Minuten vergangen, aber das erste hat schon eine Zitze der Mutter gefunden und nuckelt daran.

Die Sau liegt jetzt, aber nur für ein paar Minuten, dann kommt das nächste Ferkel. Es wird abgeleckt, während die beiden ersten zu saugen versuchen.

„War ich auch so blutig, als ich aus Mamas Bauch kam?" will Jenny wissen. Es ist ihr ein bißchen unangenehm, als ich „Ja" sage. Sie will ihre Mutter danach fragen.

Wir haben großes Glück. Bei unserem Besuch in der Tierklinik bekommt eine Sau gerade Junge.

„Es geht los", ruft Jörg, und wir schauen atemlos zu, wie ein kleiner Kopf aus dem Hinterteil der Sau kommt.

Viele Kinder sind erschrocken, daß das Ferkel voller Blut ist. Ich beruhige die Kinder. Als wir nach einer halben Stunde gehen, sind schon fünf Ferkel da.

Nach zwei Wochen kommen wir wieder und zählen acht kleine Schweine. Sie sind schon mächtig gewachsen und nuckeln zufrieden.

Unsere Fische bekommen Kinder

Frühmorgens, wenn wir im Kreis sitzen, erzählen die Kinder ihre Erlebnisse, und wir alle hören zu und erfahren, was Schönes und was Trauriges passiert ist.
Heute ist Tommy ganz niedergeschlagen: Seine Katze hat das Fischglas zu Hause umgekippt und seinen Goldfisch aufgefressen. Wir trösten ihn und sagen, daß wir ihm einen neuen schenken wollen. Aber Tommy will nicht, weil es dann noch mal passieren kann. Am Ende finden wir, wir sollten Fische in unserer Klasse haben. Jenny will ihre Eltern fragen, ob sie das unbenutzte Aquarium vom Boden mit in die Klasse bringen darf.

Jenny platzt vor Freude – ja, sie darf! Wir überlegen, welche Fischarten wir haben wollen: Fische, die lebendige Jungen gebären (Guppies) oder Fische, die laichen, und was wir sonst noch alles für das Aquarium brauchen. Die Kinder wollen natürlich Guppies und dazu Wasserfrösche und Schildkröten.
Wir sehen uns einen Film über den Aufbau eines Aquariums an. Dann stellen wir eine Liste auf mit allem, was wir zum Einrichten eines Aquariums brauchen. Die Wörter auf der Liste werden mit Bildern ergänzt, so daß die Kinder ohne Hilfe im Zoogeschäft einkaufen können. Zuerst wollten wir die Fische von zu Hause mitbringen lassen, aber weil sich nicht alle Fischarten miteinander vertragen und sich die Fische vielleicht gegenseitig auffressen würden, lassen wir es und gehen in ein Zoogeschäft. Die Kinder lesen ihre Liste vor. Manche Kinder sind von den vielen Tieren so gefesselt, daß sie darüber ihre Liste vergessen. Aber Susanne und Claudia lassen sich nicht ablenken und bestellen für jedes Kind einen Guppy-Fisch. Zusammen sollen es acht weibliche und acht männliche Fische sein.

Als wir wieder in der Schule sind, wird das Aquarium aufgebaut. Zuerst wollen die Kinder ihre eigenen Fische getrennt in kleinen Gläsern beobachten. Kathy und Mark beschließen, ihre Fische zusammenzutun, um Junge zu bekommen. Als die anderen Kinder darüber nachdenken, sind alle dafür, die Fische paarweise zu halten.
Die Kinder unterhalten sich über Babys und Kinderkriegen. Ich höre, wie Kathy zu Mark sagt: „Der Mamafisch gehört mir, weil ich doch auch ein Mädchen bin." Susanne sagt zu Sabrina: „Meine Mutter hat auch ein Baby im Bauch."

Wir bekommen viele Fischbabys; es sind 48 bis jetzt. Alle Kinder tragen ihre Gläser eifrig mit sich herum, um nicht zu verpassen, wenn sie vielleicht noch ein Junges bekommen. Scot fragt, wie die Babys in den Fisch reinkommen. Ich zeige das männliche Geschlechtsteil – eine spitze Flosse unten am Bauch. Bei manchen weiblichen Fischen ist der schwarze Fleck am Bauch ganz dick, weil kleine Fische darin sind. Die Mutter kann bis zu 60 oder 70 Fische gebären und von einer einzigen Befruchtung bis zu dreimal gebären.
Ich muß aufpassen, daß die Fische nicht zuviel Futter kriegen, sonst fault das Wasser, und es vermehren sich Bakterien. Es sind immer zwei Kinder als Helfer auf einer Liste eingetragen, die wöchentlich wechseln. Diesen Kindern wird gezeigt, wie die Fische gefüttert werden, und sie müssen die Fütterung überwachen. Wenn nach zehn Minuten noch irgendwelches Futter schwimmt oder am Boden liegt, dann ist zuviel gestreut worden.

Nach einigen Tagen scheint der erste Fisch unter der Enge im kleinen Glas zu leiden. Sebastian ist entsetzt, daß sein Fisch nicht richtig schwimmt. Nun sammeln sich viele Kinder um sein Glas und beschließen, alle Fische sofort in das große Aquarium zurückzutun, damit sie genügend Platz haben. Den kranken Fisch stecken wir in ein „Fischkrankenhaus", ein Glas mit warmem Wasser und etwas Salz. Sebastians Fisch stirbt.
Als die Kinder die Fische im großen Aquarium beobachten, verwechseln sie das Ausscheiden der Exkremente mit der Geburt von Jungfischen. Unten am Boden schwimmen Katzenfische und fressen die Exkremente. Ich kann Ben zwar beruhigen, daß dies kein Baby war, das gerade gefressen wurde, aber es hätte sehr wohl eins sein können, denn die Fische kontrollieren ihren Lebensraum sorgfältig und fressen ihre Jungen, wenn das Aquarium zu voll ist.
Ben fragt, ob Fische „Pipi" machen und auch „pupsen". Ich muß genau hinsehen, um die Antwort zu finden. Ja, sie machen Pipi. Ob sie pupsen, können wir leider nicht feststellen, aber ich zeige auf die Luftblasen, die zu dieser Frage führten, und erkläre, daß Fische Luft brauchen, aber nicht zum Atmen wie Menschen, sondern für ihre Schwimmblase. Der Sauerstoff wird aus dem Wasser herausgefiltert und durch die Kiemen gepumpt.

Janina
Claudia

Susanne
Sabrina

Sascha
Nancy

Georg
Rouven

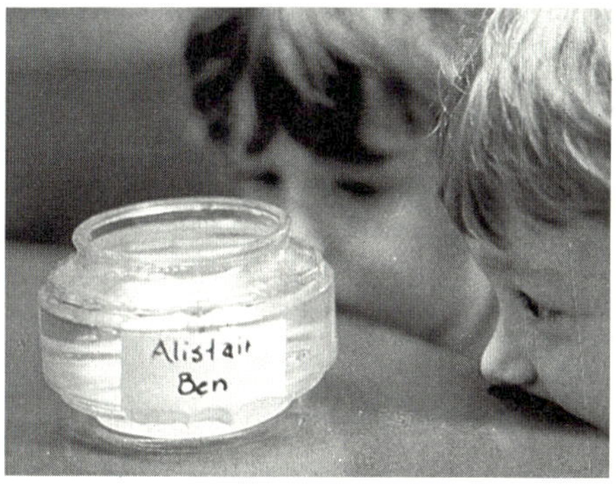

Alle Kinder unterhalten sich über Babys und Kinderkriegen. Kathy sagt zu Mark: „Der Mamafisch gehört mir, weil ich doch ein Mädchen bin." Susanne sagt zu Sabrina: „Meine Mutter hat auch ein Baby im Bauch." Die Kinder warten gespannt, ob der kleine schwarze Punkt am Unterleib des weiblichen Fisches größer wird. Sie schreien oft, jetzt komme ein Babyfisch. Aber leider sind es nur Ausscheidungen.

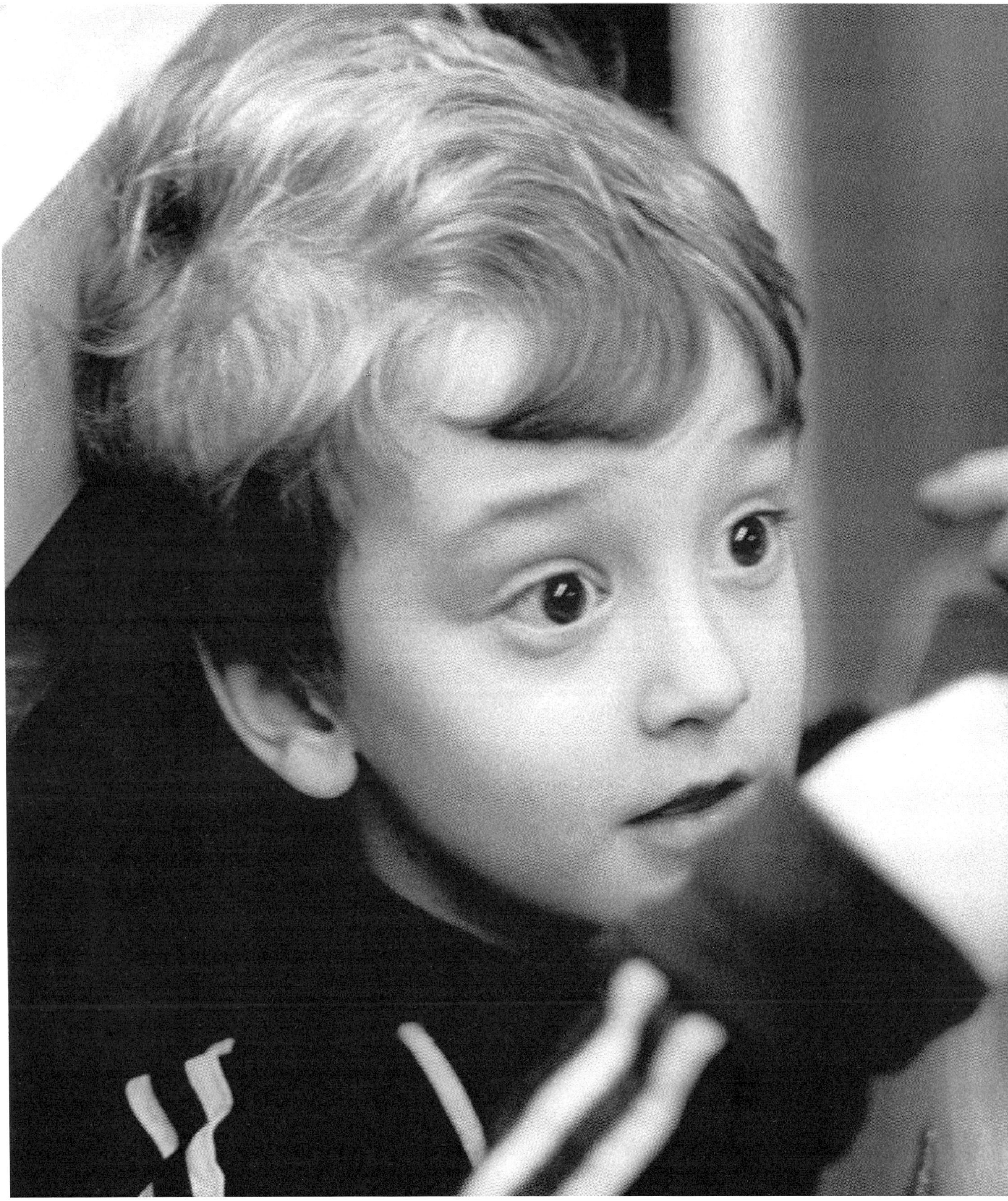

Eines Tages liegt Sebastians Fisch auf der Seite.
Wir bringen ihn in ein „Fischkrankenhaus", das ist ein Glas mit lauwarmem Wasser und etwas Salz.
Aber es ist vergeblich,
Sebastians Fisch stirbt.

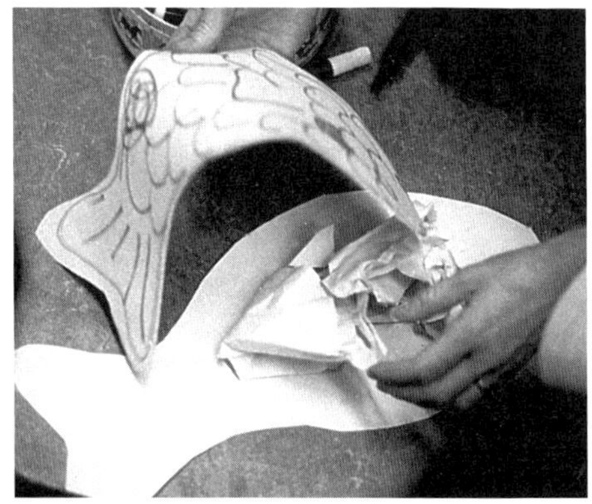

Wir malen einen großen Fisch auf einen doppelt gelegten Bogen Papier und schneiden dann beide Fischhälften auf einmal aus. Danach wird er bunt angemalt, mit Klammern an einer Seite zugeheftet, mit Papier ausgestopft und auch unten zusammengeheftet. Zum Schluß kleben wir noch Flossen an den Rumpf.
Auf eine große, blaue Pappe kleben wir viele kleine Fische und schreiben eine Geschichte über unsere Fischerlebnisse.
Wir spielen „Fischer, Fischer fang mich in deinem Netz".
Unser Fischerlebnis geht über viele Monate, während die kleinen Fische groß werden.
Wir lesen Fischmärchen und erfinden neue hinzu. Wir stellen uns vor, daß unsere Welt von Fischen regiert wird, mit Fischschulen und Fischgeld.

Immer wieder werden die Fischgläser durch die Klasse getragen, auf die Tische gestellt. Daneben schreiben die Kinder Zettel mit dem Wort „Fisch“. Wir malen Fische, singen über Fische und spielen Fische.

Wir nehmen einen Fisch auseinander

Heute habe ich einen roten Knurrhahn und eine Forelle mitgebracht. Der Verkäufer im Laden hat gelacht, weil ich einen Fisch wollte, „der interessant aussieht, mit allem Drum und Dran".

Im Kreis mache ich das Paket auf, und die ersten Pfuirufe sind zu hören. Ich lasse den Fisch herumreichen, anfassen, an ihm riechen. Manche Kinder sagen iiih, andere stecken den Finger ins Fischmaul, biegen das Rückgrat und breiten die Kiemen aus. Ich lasse den Kindern viel Zeit, mit dem Fisch zu spielen, die Flossen auszubreiten, auf die Augäpfel zu drücken, das Maul zu untersuchen. Eine Schüssel mit warmer Seifenlauge und Papierhandtücher sind vorbereitet.

Manche Kinder entfernen sich aus dem Kreis, legen sich auf den Boden und machen Schwimmbewegungen wie ein Fisch. Roland holt unser Fischnetz und versucht, Ben zu fangen.

Eine große Plastikfolie wird ausgebreitet, auf die wir flache Teller und scharfe Messer legen. Sebastian nimmt ein Messer, Tommy will helfen. Kathy schreit voll Ekel: „Ich will nicht zugucken!" Ben guckt scheu von der Seite und entschließt sich dann, mit anzupacken. Der Kopf geht nicht ganz ab, aber Maul und Schlund liegen frei. Sebastian steckt seinen Finger ins Maul durch den Schlund bis zum Magen. Tommy staunt, wie hart und spitz das Innere des Fischmauls ist. Das wollen andere Kinder auch probieren. Einige stehen noch abseits und halten sich die Nasen zu.

Wir haben die Kiemen aufgefächert und die spitzen Gitter gesehen, die das Wasser filtern. Ich zeige den Kindern die schöne Form, die die Kiemen bilden. Ich zeige die Form der Schuppen und wie sie glänzen, damit ihnen bewußt wird, wie schön ein Fisch ist.

Als Jenny den Bauch des Fisches aufschneidet, entdeckt sie eine dünne Haut, die Schwimmblase. Ich erkläre ihr, daß der Fisch die Blase benutzt, wie manche Kinder Schwimmreifen oder Schwimmflügel benutzen. Sie spült die Blase mit Wasser aus, dann fängt sie an, sie wie einen Luftballon aufzublasen.

Ich reiche den Fisch herum. Die Kinder fassen ihn an und riechen an ihm. Manche Kinder sagen iiih!, andere stecken einen Finger in sein Maul, biegen das Rückrat und untersuchen die Kiemen. Ich gebe den Kindern viel Zeit, mit dem Fisch zu spielen, die Augen anzuschauen und das Maul zu untersuchen.
Wir nehmen den Fisch auseinander. Maul und Schlund liegen frei.
„Ich will nicht zugucken", schreit Kathy.
Sebastian steckt einen Finger ins Maul, durch den Schlund bis zum Magen.
Ich habe noch zwei Fische, so können alle untersuchen und auseinandernehmen.

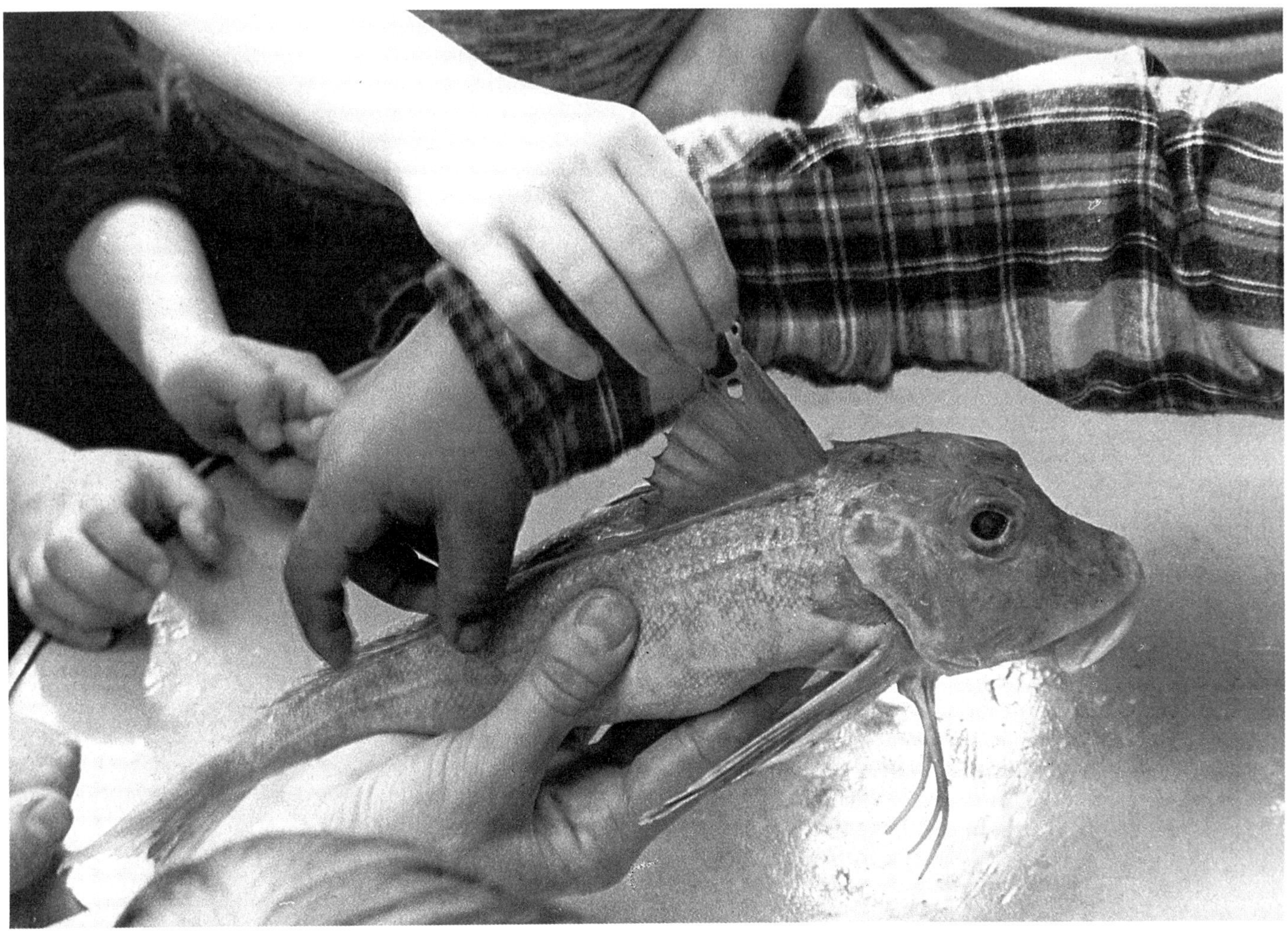

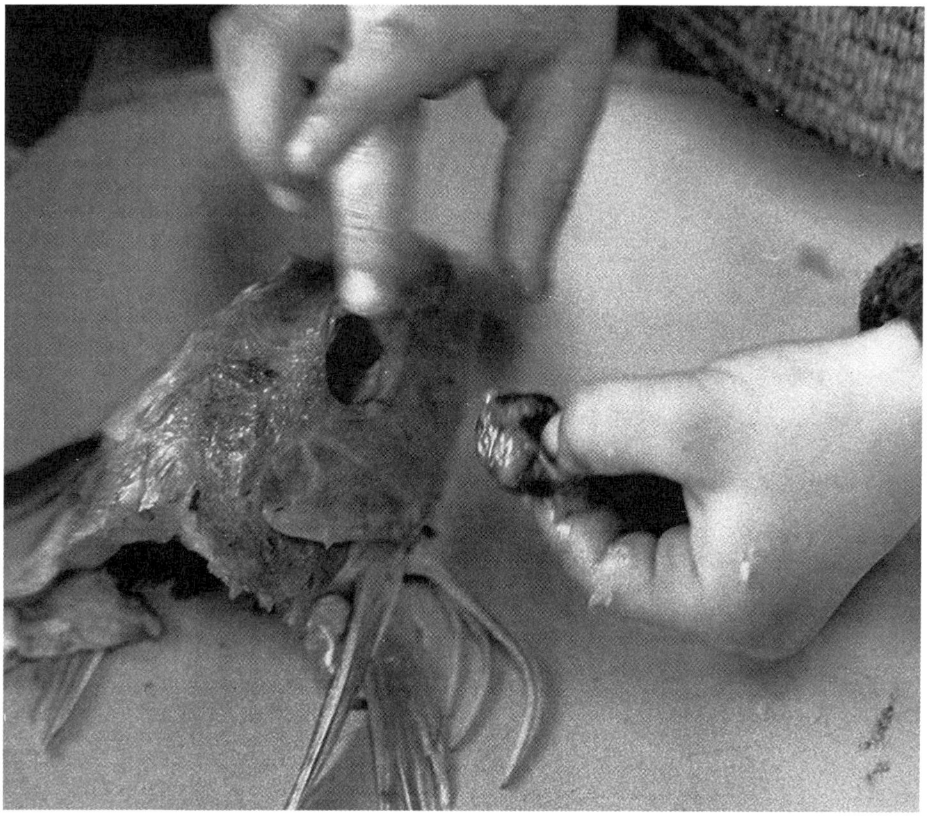

Der Kopf fasziniert die Kinder besonders. Sebastian pult mit Claudia die Augen raus. Das ist gar nicht so einfach. Plötzlich hält Sebastian eine kleine Kugel in der Hand. Sie ist durchsichtig. „Was ist das?“ fragt er. Er hat die Linse des Auges entdeckt – große Aufregung! Jeder möchte einmal durchsehen. Alles steht auf dem Kopf. Jenny hütet die kleine Kugel wie eine Kostbarkeit und nimmt sie mit nach Hause.

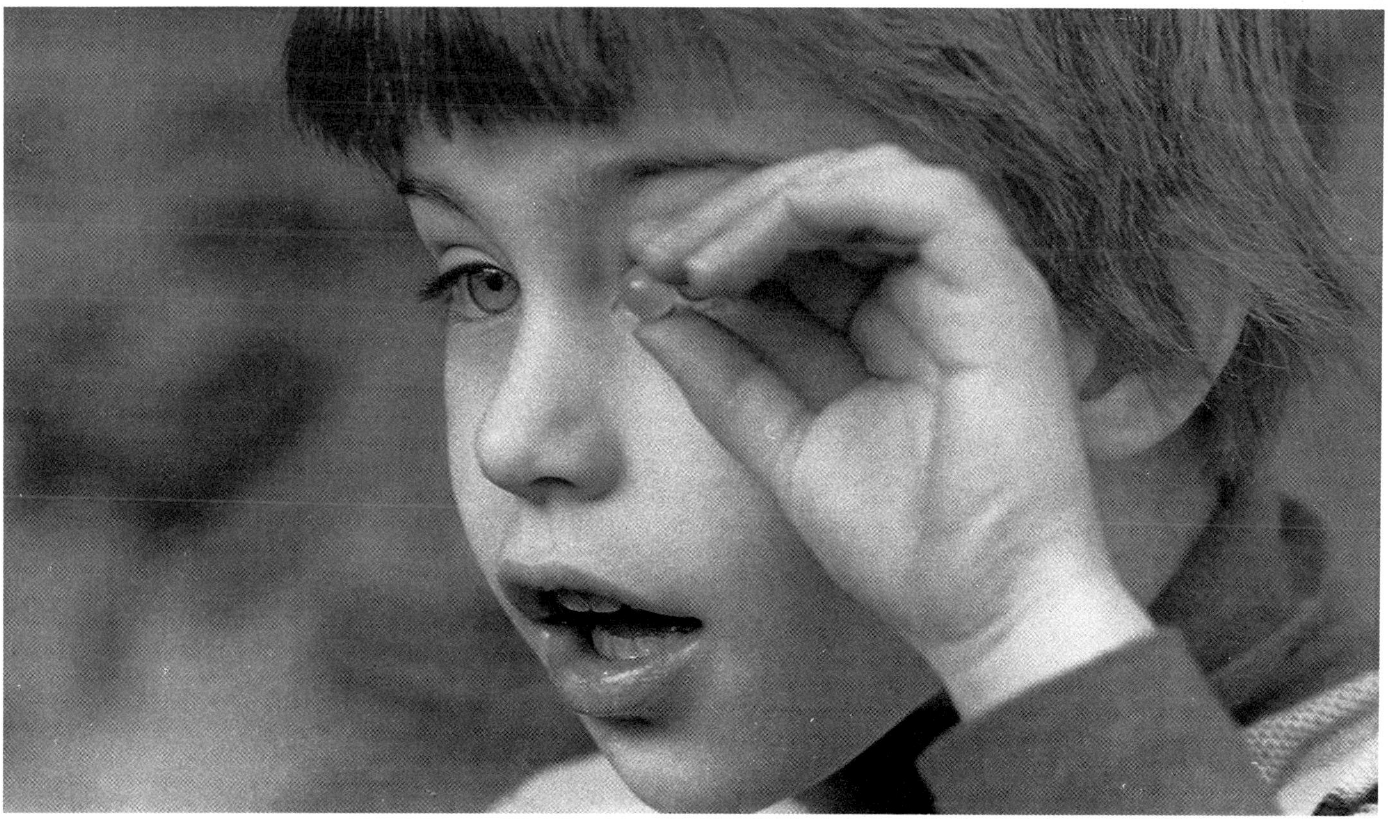

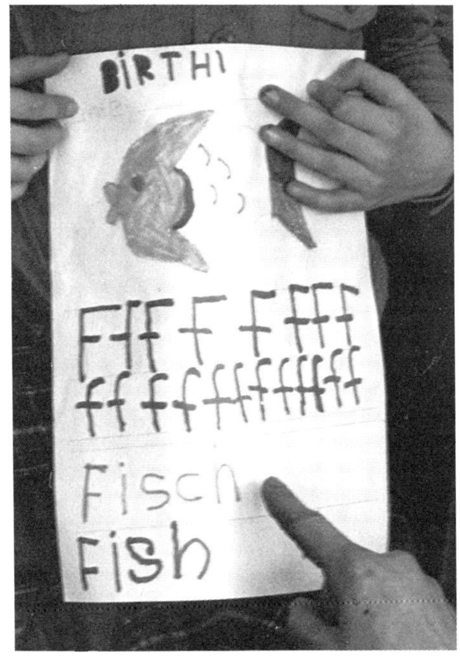

Wir besuchen das Exotarium im Zoo, besichtigen und besprechen viele Fischarten. Auch Krokodile, Schildkröten, Eidechsen und Schlangen sehen wir.
Sonja formt ein besonders gelungenes Krokodil aus Ton.
Wir basteln ein riesiges Aquarium.
Das Aquarium ist auch heute noch sehr beliebt bei den Kindern. Vergrößerungsgläser liegen immer bereit. Die Kinder suchen nach neu geschlüpften Fischjungen oder schauen zu, wie die Schnecke Algen frißt und Luft holt.
Auch beim Säubern des Aquariums helfen die Kinder gerne, besonders Sebastian und Sascha. Sie haben das Prinzip der Saugglocke sofort verstanden und füllen den Schlauch erst voll Wasser – ohne Luftblasen – und saugen dann das Wasser vom Boden ab, etwa einmal die Woche. Dabei werden Fragen gestellt wie: Wieviel Liter Wasser passen in unser Aquarium? Wieviel Liter sind im Eimer? Wieviel Eimer Wasser passen ins Aquarium? Wie viele Fische haben wir?

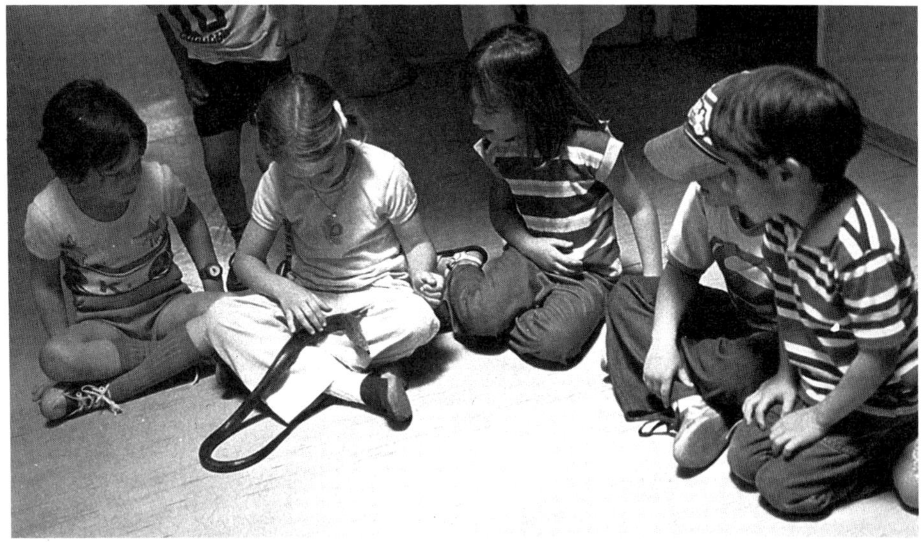

Wir fassen eine Blindschleiche an

Als Ergänzung zu unseren Erlebnissen mit Fischen besuchen wir ein Exotarium.
Da es im ersten Stock auch Schlangen zu sehen gibt, möchte ich diese Tiere den Kindern zeigen. Ich bin schon ganz aufgeregt, als Matthias, der begeistert die Fische angeschaut hat, sich plötzlich am Treppengeländer festhält. Er weigert sich, auch nur eine Stufe weiter hochzusteigen. Ich merke, daß er Angst hat, und lasse ihn mit einer Mutter unten. Diese Reaktion zeigt mir, daß wir auch Schlangen näher kennenlernen sollten. Ich beschließe, mit den Kindern in die zoologische Abteilung der Pädagogischen Hochschule zu gehen, da es dort gute Möglichkeiten gibt, Schlangen kennenzulernen. Vielleicht können die Kinder sogar welche anfassen.
Unser Besuch dort wird wirklich ein Höhepunkt. Matthias traut sich, mit einem Finger eine Blindschleiche zu berühren (Blindschleichen sind zwar keine Schlangen, sehen aber so ähnlich aus). Shanta läßt sich sogar eine Blindschleiche um ihren Hals legen. Nachher kann sie es nicht erwarten, nach Hause zu kommen, um ihr Erlebnis allen zu erzählen. Wir sitzen im Kreis und lassen die Blindschleiche von Schoß zu Schoß gleiten. Ein bißchen unheimlich ist es doch, wenn sie so kalt über den Arm kriecht, und ich wundere mich, daß die Kinder schnell Ekel und Angst verloren haben.
Reptilien und Amphibien sind Kaltblüter. Sie nehmen die Außentemperatur ihrer Umgebung an, das bemerken die Kinder sehr schnell.
Selbst als der feuchte und glitschige Salamander herumgereicht wird, gewöhnen sich die Kinder gleich an ihn. Die trockenen Echsen fühlen sich wieder wie die kalten Schlangen an.
Jetzt wissen wir, daß Blindschleichen und Schlangen wunderschöne Tiere sind, die bei den Menschen Angst und Unbehagen hervorrufen können.

Später in der Gruppe sprechen wir über Reptilien, das sind Schlangen, Echsen, Alligatoren, Krokodile und Schildkröten. Wir reden darüber, daß Schlangen meistens harmlos sind.
Ich erzähle den Kindern, daß von den 2400 Schlangenarten, die es auf der Welt gibt, nur etwa 400 giftig sind. Wenn sie hören, daß in Deutschland sogar nur *eine* giftige Schlangenart lebt, dann haben sie vor der Schlange, die sie im Garten oder beim Spazierengehen entdecken, keine Angst mehr. Doch sollen sie nicht jede Schlange

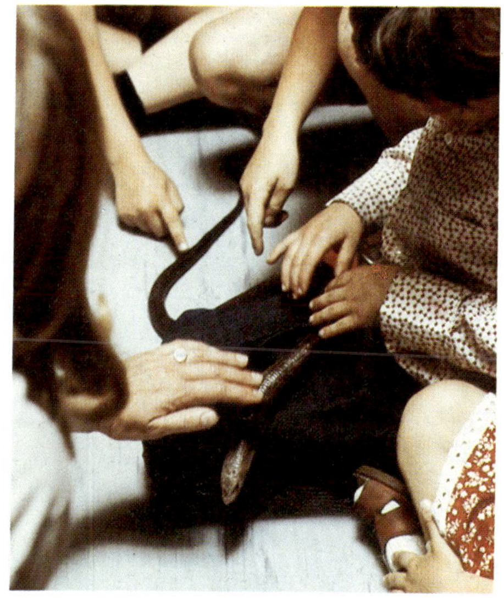

anfassen, aber auch keine tottreten. Ich zeige den Kindern viele Bilder von der giftigen Kreuzotter, damit sie sie leicht erkennen. Alle Schlangen, auch die giftigen, sollen wir schützen und liebhaben, denn sie helfen uns sehr: Sie vertilgen Mäuse, Ratten und anderes Ungeziefer. Auch mit Echsen und Salamandern spielen wir. Meine Angst den Echsen gegenüber verschwand, als ich hörte, daß die einzige giftige Echse die Gila-Echse ist. Sie wohnt in der Wüste und bewegt sich so langsam, daß ich sogar als Kind wegrennen könnte.

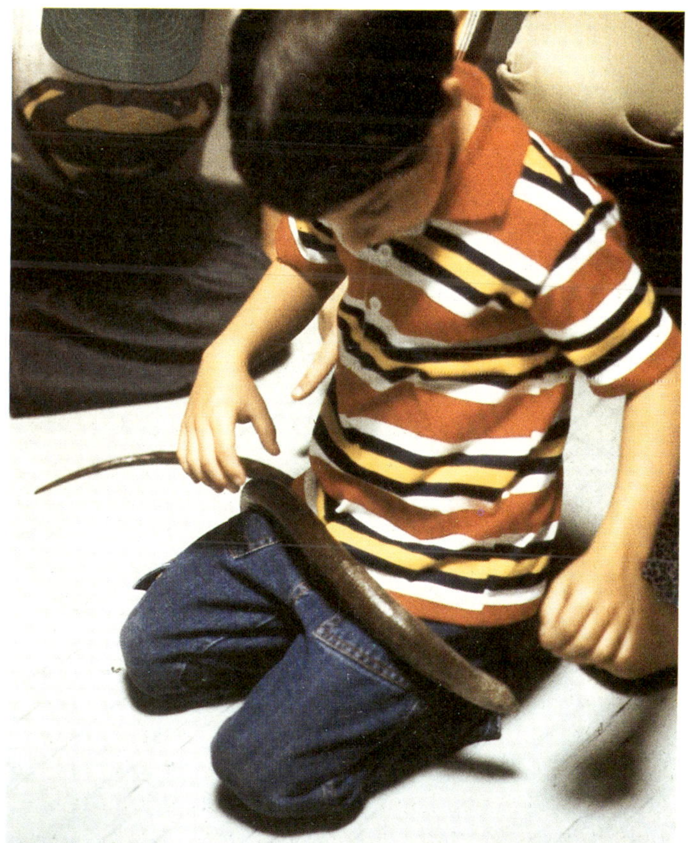

Unsere Blumen blühen

Heute morgen kommt Dirk ganz atemlos in die Klasse gerannt und hält mir eine Narzisse unter die Nase: „Der Narzissenmann ist da! Nancy, alle unsere Narzissen blühen!" Am liebsten wollen alle gleich hinausstürmen – wir einigen uns aber, erst in der Pause nachzusehen. Die 4. Klasse hat nämlich noch Unterricht, da können wir nicht so laut jubeln und singen und um den Narzissenmann herumtanzen und uns in ihn reinlegen!
Vorsichtig wird die Narzisse herumgereicht, und wir erinnern uns, wie wir im September die Blumenzwiebeln in die Erde gesteckt haben: Mark hat sich im Garten auf die Erde gelegt, wir haben seinen Umriß mit einer Schnur nachgezeichnet, und entlang dieser Linie hat jeder in einigen Zentimetern Abstand seine Narzissenzwiebel in den Boden gelegt. Wir haben die Erde gegossen, und im Winter haben wir uns manchmal vorgestellt, was die Zwiebeln in der Erde machen, und gehofft, daß sie nicht erfrieren.

Wir reden darüber, daß manche Blumen aus Samen und manche aus Zwiebeln wachsen.
„Wie machen denn die Blumen ihre Babys?" will Anja wissen. Ich erkläre den Kindern, wie Bienen, Schmetterlinge und andere Insekten, aber auch der Wind den Blütenstaub von einer Blüte zur anderen trägt, wie daraus neuer Same entsteht, der zu Boden fällt oder auch vom Wind weitergetragen und ausgesät wird. Ich schneide die Blüte auf und zeige den Kindern den Stempel, auf dem der Blütenstaub sitzt. Unsere Narzisse hat nur einen Stempel, die meisten anderen Blumen haben einen ganzen Kranz davon. Jetzt wissen wir auch, wie die Blumen Babys bekommen, und gleich wollen alle ihre Nasen einmal in den Blütenstaub stupsen. Anja darf zuerst Schmetterling sein.

Ich bringe eine Tigerlilie mit in die Klasse. Die Kinder sind Bienen und Schmetterlinge und tragen mit ihren Nasen Blütenstaub von Blume zu Blume, damit die Blumen „Babys" bekommen. Jedes Kind möchte Blütenstaub auf seiner Nase haben.

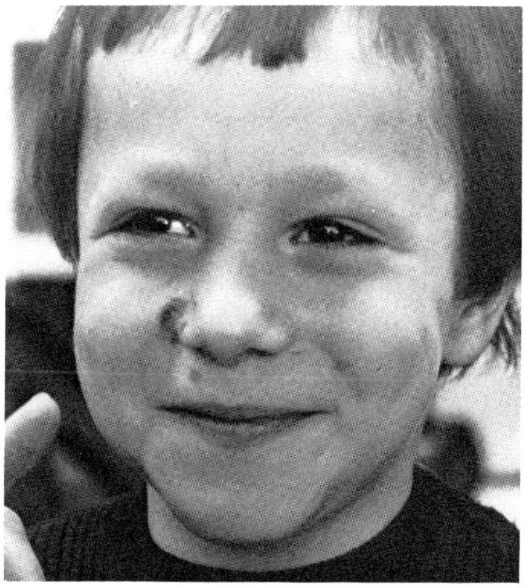

Wie schön unsere Blumen leuchten! Und gut riechen tun sie! Ich erzähle den Kindern, daß die leuchtenden Farben der Blumen die Insekten anlocken, die auf diese Weise den Nektar und die Pollen finden, die sie suchen. Das gleiche gilt für den Duft, den die Blütenblätter ausströmen.

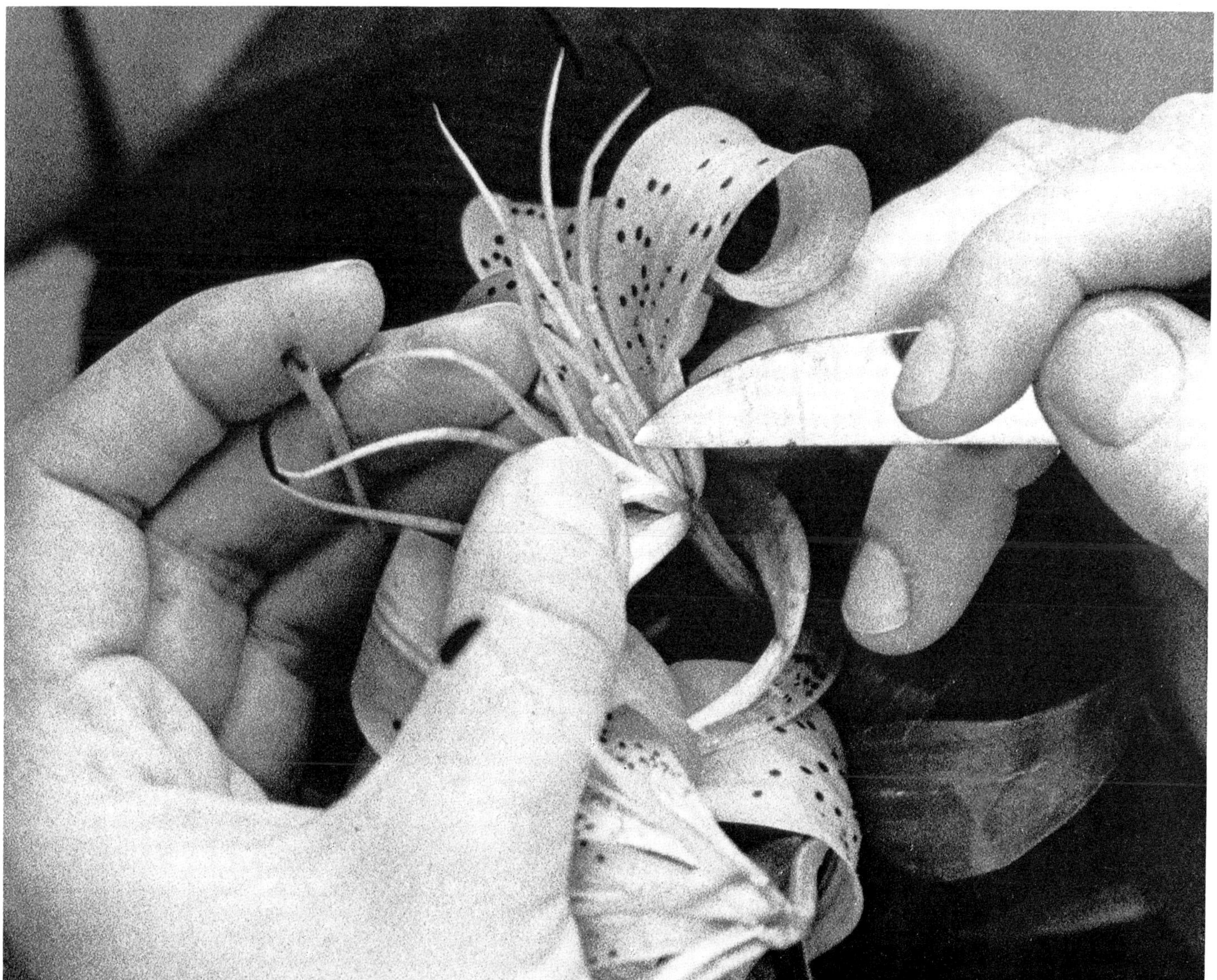

Im Herbst hat Mark sich im Garten auf die Erde gelegt, und wir haben genau seinem Körperumriß entlang Narzissenzwiebeln gepflanzt. Jetzt blüht unser Narzissenmann, und alle wollen sich einmal hineinlegen. Aber am besten paßt Mark!

Wir feiern ein Salatfest

Im Herbst haben wir Salat gesät, haben die keimenden Samen beobachtet, wir haben die Pflänzchen gehegt und gepflegt. Unser Salat wächst und gedeiht, wir gießen ihn täglich. Dabei entstehen Wasserspiele: In der Zinnwanne, in der Regenwasser gesammelt wird, schwimmen außer kleinen Spielzeugschiffchen Halb- und Viertelliter-Becher, Trichter, Schlauchreste und andere Behälter. Beim Auffüllen der Gießkanne wird hin- und hergekippt, und wir stellen dabei fest, daß zwei kleine Becher einen großen füllen.

In die Wanne ist eine Spinne hineingeklettert, auch ein paar Käfer müssen hier ihr Leben lassen. Einige Kinder angeln sie ohne Furcht heraus, die ängstlichen sehen, daß man sich nicht ekeln muß.

Von den Salatblättern werden vorsichtig die Schnecken entfernt, damit von unseren Pflänzchen auch für uns etwas übrig bleibt.

Ab und zu probieren die Kinder den Geschmack der verschiedenen Kräuter. Schnittlauch ist ein Renner, an zweiter Stelle wird aber Salat genascht, dann folgen Petersilie und Dill. Zitronenmelisse und Oregano sind selten gefragt.

Einmal entdecken die Kinder beim Naschen ein kleines Häschen, das in einer Ecke kauert. Sie hocken sich darum herum, schließen es ein und schauen zu, wie das arme Ding zittert. Schließlich öffnet David die Beine und läßt es frei.

In der Klasse erzählen wir eine Hasengeschichte. Die Kinder spielen Häschen und versuchen, nicht vom Bauer gefangen zu werden.

Mit unseren Kräutern spielen wir auch „Rate mal, was du ißt?“: Ein Kind hält die Augen zu, während ein anderes ihm ein Kraut auf die Zunge legt.

Wir haben einen Grund zum Feiern: Unsere Salatblätter sind groß genug, wir können sie ernten! Wir wollen ein richtiges Salatfest feiern!

Wir brauchen dazu: Salat, Kräuter, Zitrone, Honig, Joghurt, eine große Schüssel, ein Sieb, Salatbesteck, Pappteller und Gabeln für jedes Kind. Mit einem Zettel gehen die Kinder nach Hause und bitten um die notwendigen Zutaten.

Wir ernten zwei große Schüsseln voll Salat. Stolz bringen die Kinder die Ernte in den Klassenraum und setzen sich im Kreis zusammen. Wir bewundern die große Menge, aber auch die ganze Ernte von sieben Radieschen! Wie können alle 18 Kinder gerecht daran teilhaben? Jetzt schreiben wir das Rezept auf und besprechen die verschiedenen Arbeitsgänge. „Wer möchte gerne welche Aufgaben übernehmen?“ Ich male die Aufgaben in fünf Kästchen an die Tafel: Wir müssen den Salat waschen (Symbol ist ein Wasserhahn), Kräuter und Radieschen schneiden (Schneider und Brett), Zitronen auspressen (Auspresser mit Zitronen), Salatsoße und Salat umrühren (Schüssel, Joghurt, Topf), Tisch decken (Teller und Gabeln). Aufräumen soll jeder selbst nach dem Fest.

Die Namen der Kinder schreibe ich in die entsprechenden Kästchen. Viele wollen Kräuter hacken, nur wenige möchten den Salat waschen. Alles wird geregelt, und die Arbeit beginnt.

Zwischendurch basteln die Kinder oder verkleiden sich. Andrea spielt eine Braut, wir sagen, daß das Salatfest ihr Hochzeitsessen sein soll. Sie überwacht das Waschen, kostet die Soße und sagt, was noch fehlt („bißchen mehr Honig“). Sally guckt zu, wie jemand ein Bild malt und „Salat“ darauf schreibt. Sie möchte das englische Wort schreiben. Ich benutze die Gelegenheit und mache auf den hör- und sichtbaren Unterschied zwischen den Endbuchstaben der Wörter „salad“ und „Salat“ aufmerksam. Einige Kinder versuchen, mit weitausholenden Bewegungen ein „S“ zu schreiben. Während wir essen, schreibe ich SALAT und SALATFEST an die Tafel. Lars schreibt ganz groß SALATFEST auf ein weißes Blatt und hängt es vor unsere Klassentür.

Das Fest ist ein so großer Erfolg, daß wir es in der folgenden Woche wiederholen und alle Eltern dazu einladen. Es gibt bei der letzten Ernte so viel Salat, daß wir auch anderen Kindern auf dem Schulhof etwas abgeben können.

Im Herbst haben wir Salat gesät, wir haben die keimenden Samen beobachtet, wir haben im Frühjahr die Pflänzchen in den Garten gesetzt, haben sie gehegt und gepflegt. Jetzt wächst und gedeiht unser Salat, wir gießen ihn täglich.

Heute haben wir Grund zum Feiern:
Unsere Salatblätter sind groß genug, wir können sie ernten!
Wir wollen ein richtiges Salatfest daraus machen!

Wir können unseren Salat ernten! Vorsichtig schneiden wir die Blätter ab. Wir rechnen: Wie viele Blätter brauchen Sabine und Anja zusammen, wenn Sabine acht und Anja zehn Blätter essen will? Wir schnuppern an den Würzkräutern, wir hacken sie, wir schmecken die Salatsoße, wir zählen, wie viele Teller wir brauchen. Wir tanzen. Wir sagen, daß unser Körper sich freut, wenn er grünen Salat bekommt. Wir schreiben und malen und singen.

Heute morgen hat sich Anja mit ihrer großen Schwester gestritten und heftig geweint. Jetzt ist sie Salatkönigin und steht im Mittelpunkt.
Wir sagen, daß das Salatfest ihr Hochzeitsessen sein soll.
Sie darf auch die Soße kosten, und sagt, was noch fehlt.
Es tut ihr richtig gut, die Hauptperson zu sein!

Wir machen Salat.
Wir ernten den Salat.
Wir waschen den Salat.
Wir waschen die Kräuter.
Wir pressen Zitronen aus.
Wir schneiden die Kräuter.
Wir mischen den Salat.
Wir essen den Salat.

Gartensalat

Salatblätter  waschen  und abtropfen  lassen

Petersilie  Schnittlauch  Dill  waschen  und kleinhacken 

2 Zitronen  auspressen 

1 Eßlöffel Honig 

Alles in der Schüssel verrühren 

Salatblätter  dazumischen 

Ein Frosch ist in der Klasse

Dirk hat einen Frosch mitgebracht in einem großen Einmachglas. Er versucht, uns alle damit zu erschrecken, und manche springen zwischen Ekel und Spaß juchzend auf die Stühle, als Dirk ihn im Kreis herumzeigt. Der Frosch springt weg – das Chaos ist total: Die Mutigen liegen auf der Erde, um ihn unter den Spielzeugen und den Schränken zu suchen, die Ängstlichen bibbern auf den Stühlen. Dirk fängt ihn ein. Wieder sicher im Glas, können wir ihn gut beobachten. „Der ist doch gar nicht so glitschig", beruhigt Mark die ängstliche Jenny, und Jenny faßt ihn wirklich an. Jetzt wollen alle ihn anfassen, aber wir müssen das sehr zart machen und nicht alle auf einmal, damit wir ihn nicht noch mal so erschrecken.
Am nächsten Tag bringe ich ein paar Kaulquappen mit und setze sie in ein Aquarium mit Plastikkügelchen. Vielleicht können wir unsere eigenen Frösche bekommen.
Ich zeichne die verschiedenen Stadien der Entwicklung eines Frosches auf Papierbögen und klebe sie auf den Tisch vor mehrere kleine Aquarien. Sobald die Frösche Hinterbeine entwickeln, sollen sie in das zweite Aquarium kommen. Die Tage bis zur Entwicklung der Vorderbeine werden gezählt und markiert.
Ich erzähle den Kindern, daß es vom Ei bis zum voll entwickelten kleinen Frosch etwa 12 Wochen dauert. Danach wächst ein Frosch noch 3 bis 4 Jahre, dann ist er erwachsen. Sobald das Wetter im Frühling ein bißchen wärmer wird, kann man die männlichen Frösche und Kröten laut quaken hören. Ihr Lärm lockt die weiblichen Frösche an, und bald sind die Teichränder dick voll mit gallertartigen Massen von Laich. Schon eine Handvoll dieses Laichs genügt zur Beobachtung im Aquarium: Nach ein paar Tagen sind aus den befruchteten Eiern kommaförmige Körper geworden, noch ein paar Tage und sie bekommen ausgeprägte Köpfe und Schwänze, und vor dem 10. Tag haben sich die Lebewesen aus der gallertartigen Masse herausgewunden. Bald entwickeln sie einen Mund und fressen die Algen auf den Wasserpflanzen. Noch haben sie äußerliche Kiemen, die verlieren sie aber schnell und fangen nun mit ihren fischähnlichen, inneren Kiemen zu atmen an. Die Hinterbeine erscheinen nach 6 oder 7 Wochen; 2 Wochen später kommen die Vorderbeine. Dann bildet sich der Schwanz zurück, und die Kaulquappen kommen zur Oberfläche, um mit ihren neu geformten Lungen nach Luft zu schnappen.
Das können wir auch in unserem Aquarium beobachten. Zu dieser Zeit müssen wir einen Stein hineinstellen, damit unsere Fröschlein mit dem Kopf aus dem Wasser herausragen. Bald danach wollen wir sie wieder im Teich freilassen, denn wir könnten ihren täglichen Bedarf an lebenden Insekten nie decken, und sie würden schnell eingehen.

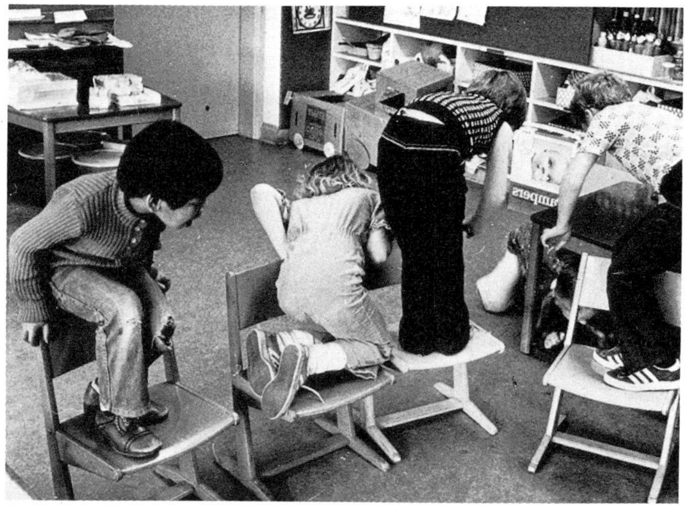

Wir wollen Kaulquappen fangen

An einem warmen Frühlingstag wimmelt der Teich von Lebewesen: Libellen schweben oder flitzen auf, um die Insekten mitten im Flug abzufangen; auf dem Boden tummeln sich Muscheln, Wasserläuse, Wasserskorpione und Tausende von kleinen Lebewesen, angefangen von der Kieselalge bis zur Kaulquappe.
Die Kinder sind von der Idee besessen, Kaulquappen zu fangen – dieser Frühlingstag ist die große Gelegenheit. Wir haben Netze gebastelt. Von Mutters alter Strumpfhose haben wir die Füße abgeschnitten und um einen gebogenen Kleiderbügel genäht. In die Strumpfspitze wird ein kleines Glas gesteckt und mit Gummiband befestigt. Das Ende vom Kleiderbügel haben wir zurückgebogen und mit Kreppband angeklebt.
Auf geht's. Jedes Kind muß beim Spaziergang darauf achten, daß es das Glas nicht herumschwenkt, sonst geht es kaputt. Schuhe und Strümpfe haben wir ausgezogen, denn wir wollen keine Pflanzen zertreten. Im schlammigen Boden können wir mit nackten Füßen viel besser Frischwasser-Muscheln finden als mit unseren Augen und Händen.

Manchmal kommen wir bis fast übers Knie ins Wasser, da zieht man wohl besser die Hosen aus. So schön warm ist es – warum nicht gleich alles ausziehen wie Sonja, die mit ihrem Netz schon ganz nackt im Wasser steht? John will das bestimmt nicht, sagt er, aber als Jenny es macht, tut er es auch: Die Kleider fliegen in die Büsche, und die Kinder genießen das lauwarme, sumpfige Wasser an ihren Körpern. Tut das gut! Die Kinder jauchzen und wollen hopsen und sich bewegen wie die Wasserflöhe und die Mücken, die über dem Teich spielen. Aber Flöhe und Mücken sind ja so leicht und wir Menschen soviel schwerer als sie – unsere großen Füße würden den warmen Schlamm aufwühlen und das friedliche Teichleben der Tiere und Pflanzen stören. Wir summen leise wie Mücken und versuchen, ganz leicht zu sein. Oh, das ist ein schönes Gefühl!
Ich entdecke eine Kaulquappe, die sich auf einem Wasserlilienblatt hält. Sobald wir jedoch in die Nähe kommen, verschwindet sie. Also mit den Kaulquappen haben wir kein Glück, aber unser Eimer ist voll mit Wasserpflanzen, Schnecken, Wasserflöhen, Teichinsekten und Muscheln.
In der Schule gießen wir unser trübes Teichwasser ins Aquarium. Am nächsten Tag hat es sich abgesetzt, und seine verschiedenen Bewohner sind zu sehen. Wir holen ein bißchen Wasser heraus und untersuchen es unterm Mikroskop. „Wenn ich das nächste Mal im See schwimme, mache ich bestimmt meinen Mund zu. Die vielen Tiere will ich nicht schlucken", sagt Dirk.
Wir sprechen noch mal über unseren Ausflug, und Anja sagt: „Das war so schön sanft, Nancy. Das Wasser hat richtig meinen Bauch gestreichelt." Jetzt sagen noch mehr Kinder, wie schön sich das angefühlt hat, draußen in der Sonne ganz nackt zu sein. Alle sind wir uns einig, daß man seinen Körper richtig liebhat, wenn man ihn im warmen Wasser und der Sonne sieht und spürt. Es tut gut, seinen Körper liebzuhaben, finden wir.

Wir wollen uns oft streicheln! Wir wollen unsere Haut spüren! Streichle mal deinen Nachbarn links, riech an seiner Haut! Jetzt streichle den rechts neben dir – riech auch an seiner Haut! Riecht er anders? Und wie riechst du? Alle riechen anders! Heute, wenn ihr nach Hause kommt, da riecht mal an Mamas Arm und an Papas – oder an ihren Haaren. Anna sagt, daß sie heute ihre Haare waschen will; Erik hat eben gesagt, daß sie stinken. Ja, Waschen tut unserer Haut und unserem Haar gut: die Luft kommt besser dran, wenn der Schmutz nicht die Poren verstopft.
Morgen wollen wir unsere Haut unter dem Vergrößerungsglas ansehen.

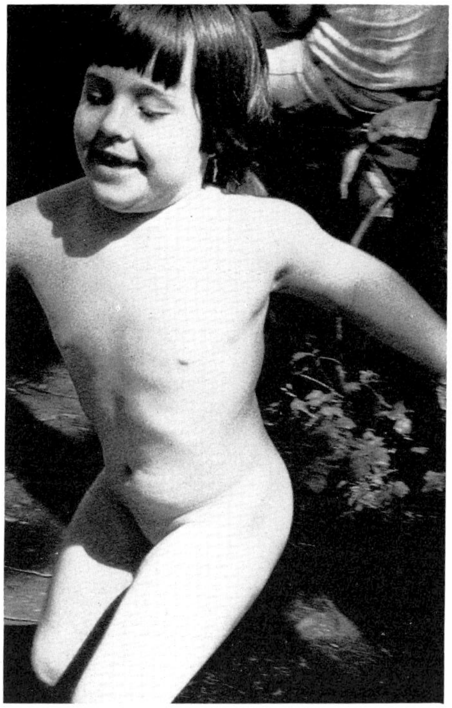

Wir haben unseren Körper lieb

Wie die Unkenntnis von Spinnen und Schlangen einen Ekel vor diesen Tieren erweckt, wie die Unkenntnis von Gewitter Ängste erzeugen kann, so ist es auch mit unserem eigenen Körper.
Wir wollen unseren Körper verstehen, akzeptieren und liebhaben, wir wollen wissen: Wie sieht er innen aus? Was tut er zum Beispiel, wenn wir denken, wenn wir frieren, wenn uns etwas weh tut? Was macht er, daß wir laufen können, atmen, schlafen? Wie sieht der Weg unserer Nahrung aus? Was ist unser Pipi?
Aus der Biologieabteilung hole ich einen Plastikmenschen, dessen Organe wir einzeln herausnehmen können. Die Kinder taufen ihn „Heinz". „Ist das mal ein richtiger Mensch gewesen?" „Sehen denn Kinder innen drin auch so aus?" Wir reden darüber, daß alle Organe von Geburt an in uns sind, daß sie aber langsam wachsen und sich nicht alle gleich schnell entwickeln. Wir nehmen die Lunge, die Niere, die Leber, das Herz heraus, wundern uns über die vielen Windungen des Gehirns und sehen, daß Heinz ein wunderschönes Puzzle ist, das wir sorgfältig gemeinsam wieder zusammenfügen.

Die Haut

Mit unserer Haut können wir Empfindungen aufnehmen; wir empfinden zum Beispiel Kälte und Wärme, aber auch Liebe und Zärtlichkeit. Wir wollen lernen, ganz bewußt zu fühlen und unsere Gefühle durch Streicheln zu zeigen und anderen mitzuteilen.
Ich erzähle, daß unsere Haut einem Mantel gleicht, der uns von Kopf bis Fuß bedeckt. Unser Hautmantel dehnt sich, wenn wir wachsen, er hat Taschenöffnungen für Augen, Mund usw. und ist sehr dünn an einigen Stellen – zum Beispiel zwischen Zeigefinger und Daumen – und sehr dick an Fußsohlen und Handflächen. Eigentlich ist unser Hautmantel zweischichtig. Die Außenschicht ist tot und reibt sich ab, wenn darunter die neue wächst. Darum bluten wir erst, wenn wir tiefer schneiden. Die obere Schicht unserer Haut ist nicht durchblutet.

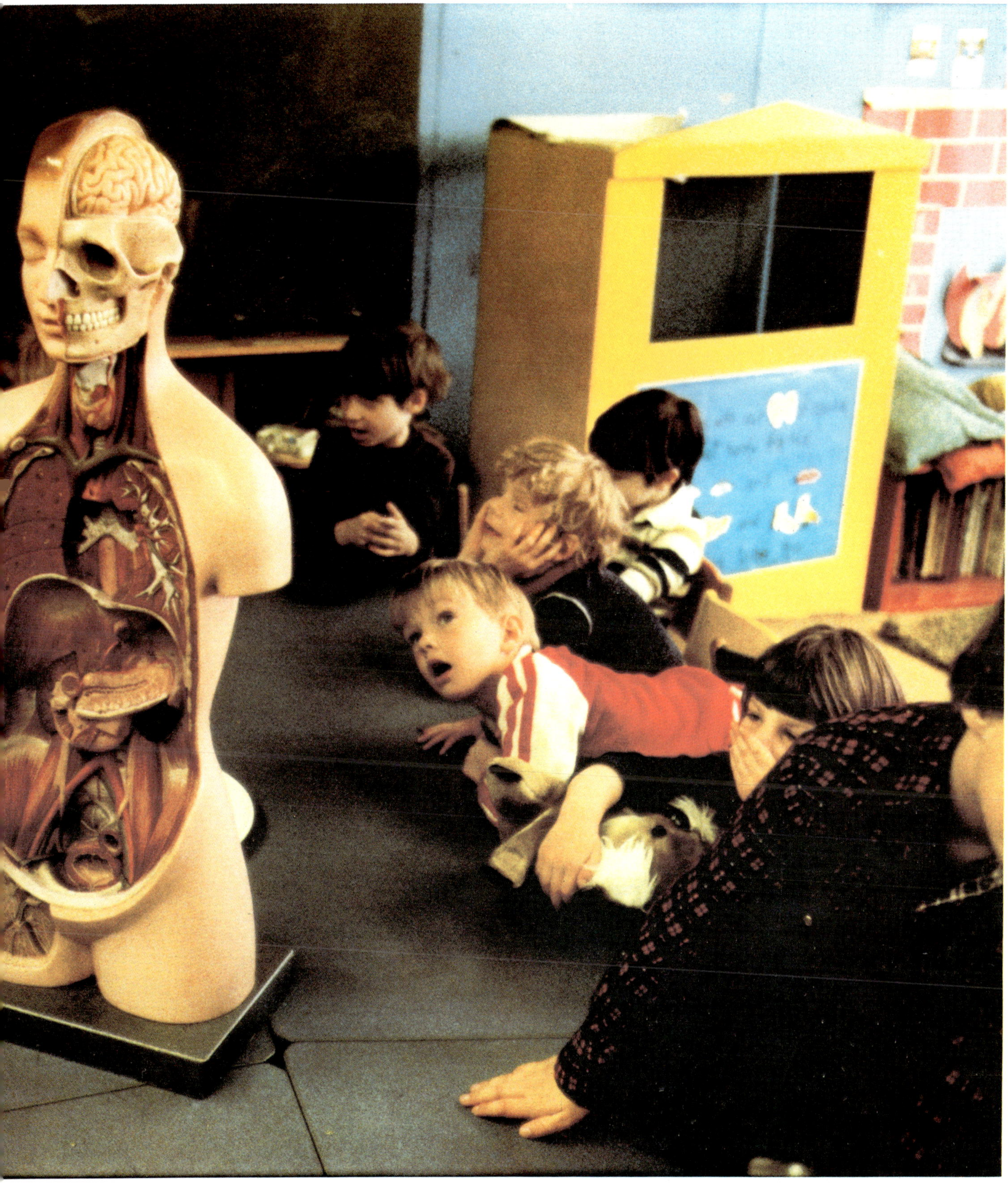

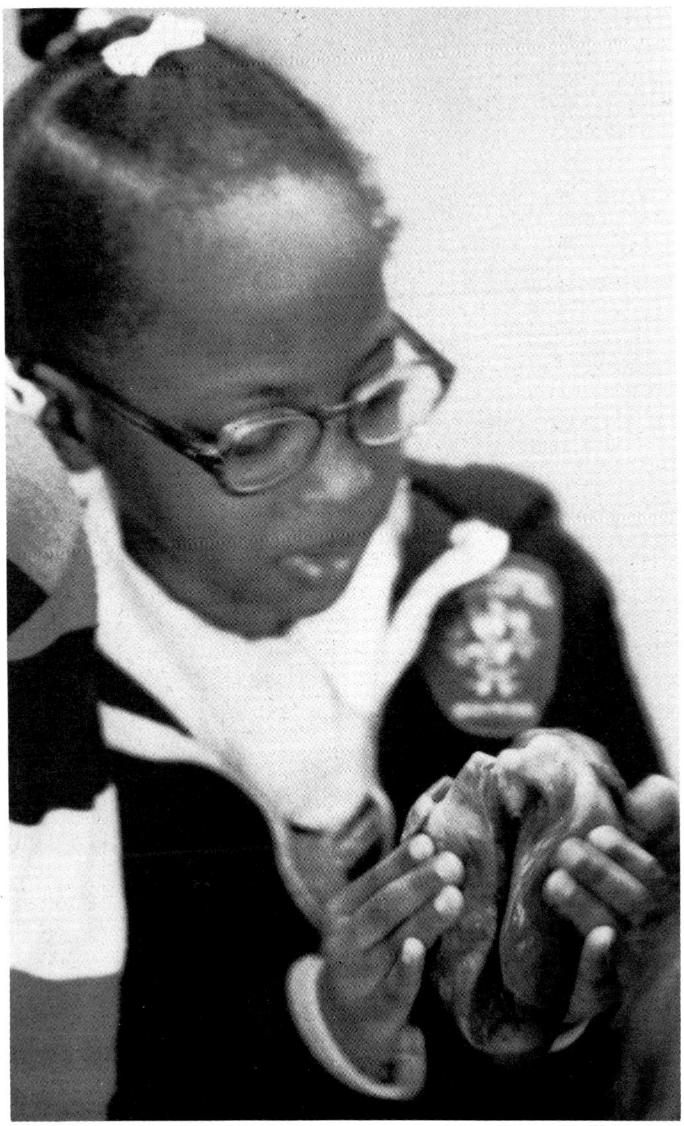

Die Haut schützt unseren Körper vor Schmutz und Verletzungen und hilft uns, die richtige Körpertemperatur zu erhalten. Manchmal ist uns zu warm – bei Fieber zum Beispiel –, oder wir haben zu doll gespielt; dann schwitzen wir: Schnell fließt Wasser vom Blut aus winzig kleinen Löchern in unsere Haut und kühlt uns dabei. Wir lecken unseren Arm und pusten darauf, um die angenehme Kühle zu empfinden. Die untere Schicht ist wie eine Fütterung für unseren Hautmantel, sie hilft uns, warm zu bleiben. Auch die Finger- und die Zehnägel sind Haut, nur etwas festere.

Wir üben das Streicheln. Ich erkläre den Kindern ein Spiel: Wir spielen Telefonleitung. Die Leitung ist unsere Haut. Die Nachrichten werden nicht durch Sprechen, sondern mit unseren Fingern und Händen weitergegeben. Wir schicken viele Nachrichten im Kreis herum: Ich mag dich. – Ich habe Angst vor dir. – Ich mag dich nicht. – Ich fühle mich schlecht. – Ich bin überglücklich.

Zweites Spiel: Jedes Kind sucht sich einen Partner. Eines streckt beide Arme aus, das andere streichelt einen der beiden Arme sanft von der Schulter bis zur Fingerspitze und wieder hoch. Nun fragen wir, wie sich das anfühlt. Wie fühlt sich der nicht gestreichelte Arm? Er sehnt sich direkt nach dem Streicheln! So geht es uns allen, wir sehnen uns nach dem Kraulen, Reiben, Streicheln genauso wie der ungestreichelte Arm. Jetzt umarmen wir uns ganz fest, wie Teddybären.
Auch über die Pflege unserer Haut sprechen wir noch einmal, darüber, daß wir den Schmutz und die Bakterien wegwaschen, damit wir nicht krank werden und unsere Haut weich und geschmeidig bleibt und gut riecht.
Jetzt schnuppern wir noch einmal alle aneinander und spielen „Blinde Kuh", indem wir versuchen uns gegenseitig zu „erschnuppern".

Oft wird das Streicheln sexuell gedeutet, vermieden aus Angst, eine sexuelle Begegnung auszulösen. Unsere Kinder sollen diese Hemmungen verlieren und lernen, ihre Gefühle offen zu zeigen. Wir überlegen gemeinsam, was Streicheln bedeutet: Ich akzeptiere dich, ich mag dich, ich verstehe dich. Wir streicheln ja auch Hund und Katze, und auch die Tiere reiben sich aneinander!
Ich streichele die Kinder ungehemmt, und sie lieben es, sie fühlen, daß ich sie akzeptiere und gern mag. Gelegentlich reagiert ein gehemmtes Kind mit Schüchternheit und zieht sich zurück, aber meistens sucht es dann immer wieder Gelegenheit, neben mir zu stehen, mir etwas Wichtiges zu erzählen und so doch noch ein winziges

Streicheln, vielleicht nur ein Kraulen am Kopf zu genießen, weil das doch sehr angenehm und schön ist.
Einmal bekam ich überdeutlich zu spüren, wie hemmend Eltern auf das Bedürfnis ihres Kindes nach Zärtlichkeit wirken können: Wir sitzen im Kreis zusammen, und während ich den Kindern etwas erzähle, lege ich leicht meinen Arm auf die Schulter eines bisher sehr scheuen Kindes neben mir. Zaghaft lehnt das Kind seinen Kopf an meine Schulter! In diesem Moment kommt die Mutter herein. Das Kind zuckt zusammen und rückt schnell seinen Kopf gerade. Das Kind hat sich während des ganzen Schuljahres nicht mehr an mich gelehnt. Es hat sich ertappt und gestraft gefühlt.
Wir streicheln aber fleißig weiter: Bäume, Spinnen, Raupen und Menschen!

Die Muskeln

Für unser Halloween-Fest habe ich ein Papp-Skelett mit beweglichen Gelenken arrangiert. Das hängt jetzt an der Wand, und die Kinder bewegen seine Glieder und lassen es tanzen. Tanzen kann ein Skelett aber nicht ohne Muskeln – ebensowenig wie wir. Ich hefte zwei Gummibänder an einen Oberarm und zeige, wie ein Muskel-Gummiband dazu dient, den Arm zu strecken, und das andere, um den Arm wieder zurückzuziehen.
Wir schneiden ein Hähnchen auf und sehen, wie die Muskeln an die Knochen angewachsen sind. Jeder will ja auch seine Beine bewegen können!
Andere Muskeln bewegen sich von allein und halten uns in Betrieb, auch wenn wir schlafen, zum Beispiel:

Das Herz

Wir stecken unsere Finger in die Ohren, schließen die Augen und hören unser Herz pochen, das tagein und tagaus, ja sogar im Schlaf für uns arbeitet. Wir nehmen Stethoskope und hören einander ab. Stephan darf nach draußen rennen und legt sich dann schnell hin zum Abhorchen. Ganz schnell und laut pocht sein Herz jetzt!

Ich habe ein Kalbsherz mitgebracht. Ich drücke es an der unteren Seite, um den Kindern das, was sie als Pochen hören und fühlen – die Pumpe –, zu zeigen. Wir sprechen über das Blut und warum manche es eklig finden. Und darüber, wie das Blut vom Herzen bis in die kleine Zehe kommt – und wieder zurück! Am Kalbsherz sehen wir die dicken Schläuche, die unten herauskommen. An unserem Plastikmenschen können wir sogar sehen, wie sie sich in kleinere dünnere Schläuche verzweigen; und ich erkläre den Kindern, daß dieses immer feiner werdende Blutverteilungssystem den ganzen Körper durchzieht – bis hin zur kleinen Zehe!
Wir sprechen darüber, wie wir unser Herz kräftig und gesund halten können. Auch wenn wir schon 70 Jahre alt sind, wollen wir noch auf Berge klettern können. Darum wollen wir uns immer viel an der frischen Luft bewegen, turnen und laufen.

Die Geschlechtsorgane

Ist unsere Muschi (Scheide) und unser Pimmel (Glied) nur da, um Pippi zu machen? – Nein, wir machen auch Babys, wenn wir Erwachsene sind. Dann kommen Samen aus dem Pimmel heraus und schwimmen durch die Muschi zu einem Ei im Bauch der Frau. Dort wächst das Baby neun Monate, bis es herauskommt.

Michael umarmt „seinen Freund Heinz“. Er untersucht ihn gründlich. Zähne okay, Augen okay! Dann holt er zwei Vergrößerungsgläser, um sich das Poloch anzuschauen.

Michael hat ebenso wie alle anderen Kinder gelernt, die Organe und ihre Funktionen im Rahmen des ganzen Körpersystems zu benennen – nicht jedoch als eine Anhäufung von theoretischem Wissen! Unser Ziel war und ist es einzig und allein, unseren Körper zu lieben und all das, was zu diesem Körper gehört, zu verstehen und als selbstverständlich zu akzeptieren.

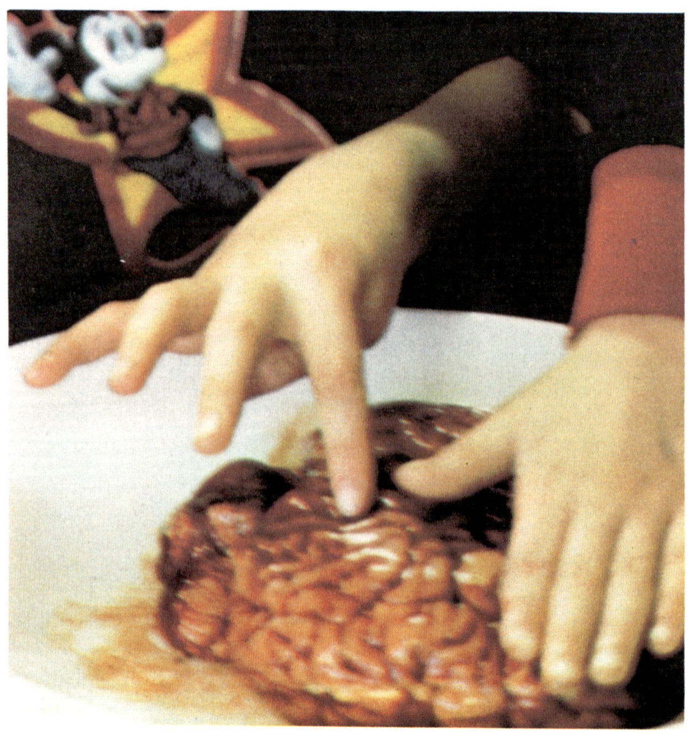

Das Gehirn

Unser Plastikmensch Heinz hat nur die eine Hälfte seines Gesichts, in der anderen liegt sein Gehirn bloß. So kann ich das Kalbshirn, das ich beim Fleischer gekauft habe, dagegen halten und die Gehirne vergleichen. Das Kalbshirn ist blutverschmiert und stinkt auch ein bißchen, aber die Kinder befühlen neugierig und vorsichtig mit ihren Fingern die wabbelige Masse.

Ich vergleiche das Gehirn mit einem elektrischen Stromkasten, der unseren ganzen Körper leitet. Lauter Zellen bilden eine elektrische Leitung, genauso wie eine Batterie das Licht leuchten läßt.

Die drei Teile des Gehirns sind deutlich zu erkennen. Ich fasse das Oberteil an und erzähle, wie es uns hilft zu sprechen, zu sehen, zu riechen und zu schmecken. Wir können uns daran erinnern, was wir gestern abend zum Essen bekommen haben, weil ein kleines Bildchen und Geschmackserinnerungen davon dort gespeichert werden. Falls wir dieses Teil zerdrücken – etwa wenn wir mit einem Schlitten gegen einen Baum fahren –, kann es auch passieren, daß wir nicht mehr böse werden oder traurig oder glücklich sein können.

Das kleinere Unterteil hilft uns, laufen, springen und balancieren zu können. Der Hirnstamm baumelt herunter. Hier werden die Nachrichten von Schmerz und Kälte empfangen. Die Nervenleitungen gehen hier ab durch das Rückgrat bis zur kleinsten Zehenspitze.

Während ich erzähle, halte ich das Kalbshirn über Erics Kopf. Die Kinder stellen sich vor, wie es in Erics Kopf aussieht.

Nun möchten alle einmal drankommen!

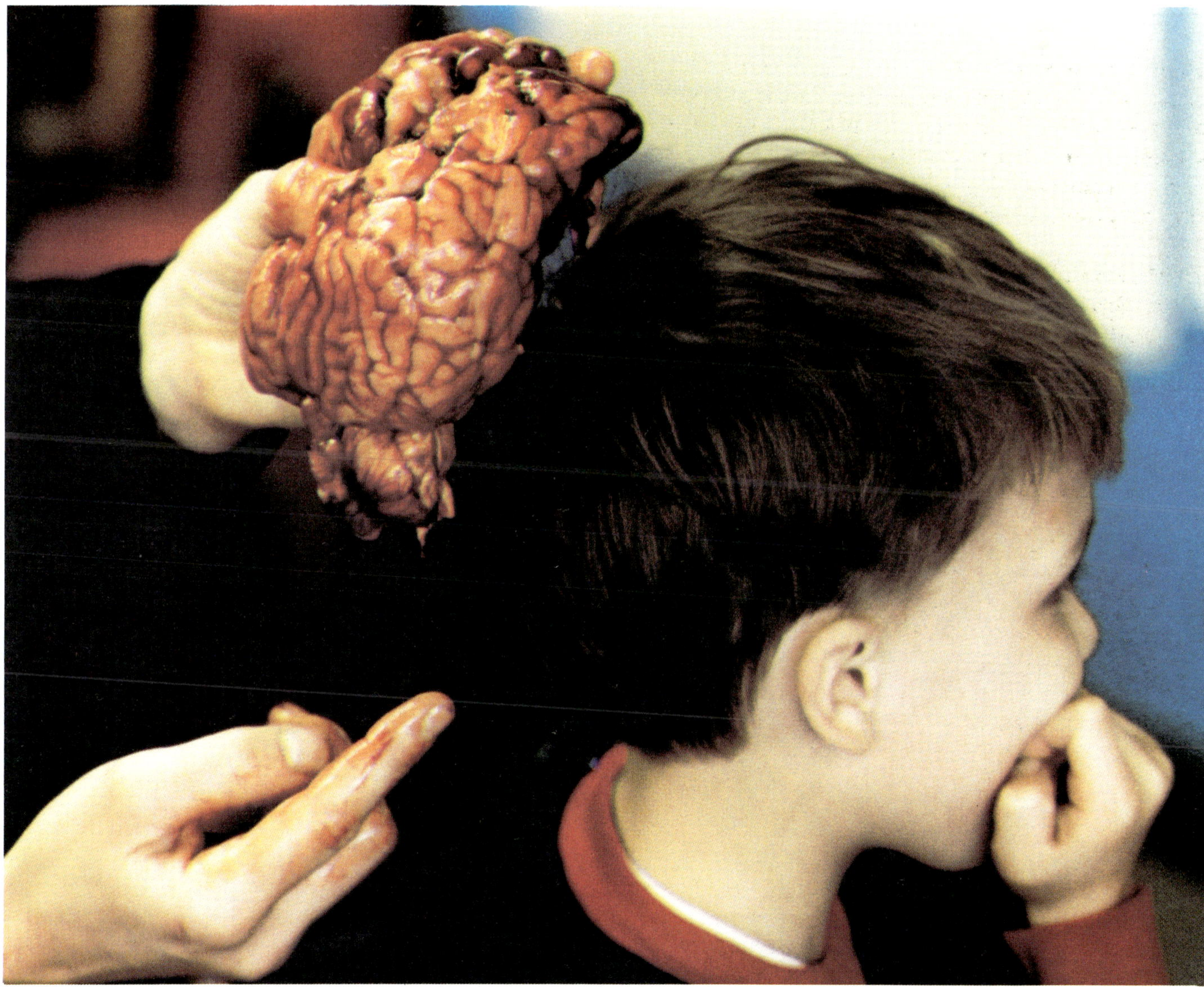

Wir spielen Nervenleitungen: Sechs Kinder setzen und legen sich so auf den Boden, daß die Form des menschlichen Körpers nachgebildet wird, und jedes Kind übernimmt die Funktion eines bestimmten Körperteils: Kopf, Rumpf, Arme und Beine. Das Gehirn entscheidet, was die einzelnen Körperteile tun sollen – zum Beispiel: „Rechtes Bein tritt in den Schlamm!" Die Kinder flüstern einander vom Kopf zum Rumpf und vom Rumpf zum rechten Bein die Befehle zu. Und dann geht's gleich noch einmal umgekehrt: Das Bein erzählt dem nächsten Kind in Richtung Gehirn, wie sich der Schlamm anfühlt – glitschig, naß und kalt! Schließlich landet die Nachricht im Gehirn, und das entscheidet: „Fuß schnell wieder herausziehen!" Alle möchten einmal Gehirn sein.

Ich erzähle den Kindern, daß diese Vorgänge im Körper natürlich blitzschnell gehen. Denn wenn wir zum Beispiel unseren Fuß ins Feuer stecken, wäre er längst verbrannt, wenn wir auch nur Sekunden darauf warten müßten, bis unser Gehirn den Befehl gibt: „Fuß wegziehen!" So etwas wird dann gleich im Rückgrat entschieden und spart den längeren Weg zum Gehirn. Andere „Reflexe" – so werden sie genannt – sind zum Beispiel Augenzwinkern und Niesen.

Ich erkläre, daß unser Helm-Schädel, den wir haben, dieses Gehirn schützt. Beim Baby ist der Helm oder Schädel noch nicht vollständig zugewachsen. Darum müssen wir bei dieser weichen Stelle – der Fontanelle – besonders achtgeben, sonst könnte unser Finger ganz hindurch zu diesem empfindlichen und wabbeligen Gehirn stechen. Wir überlegen, wie wir unser Gehirn, wenn wir spielen, schützen können. Arne erzählt, daß er einen Helm beim Fahrradfahren trägt. Wir erkennen, wie gefährlich es ist, ein anderes Kind an den Kopf zu hauen oder ihm den Stuhl wegzuziehen.

Neugierig wird noch einmal das Kalbshirn befühlt. Dirk möchte wissen, was das Kalb denkt. Ich sage, daß es nicht denken kann, wie ein Mensch, aber es fühlt mit seinem Gehirn, wenn wir es streicheln oder wenn wir ihm weh tun; es friert, es hat Angst, oder es ist einfach zufrieden.

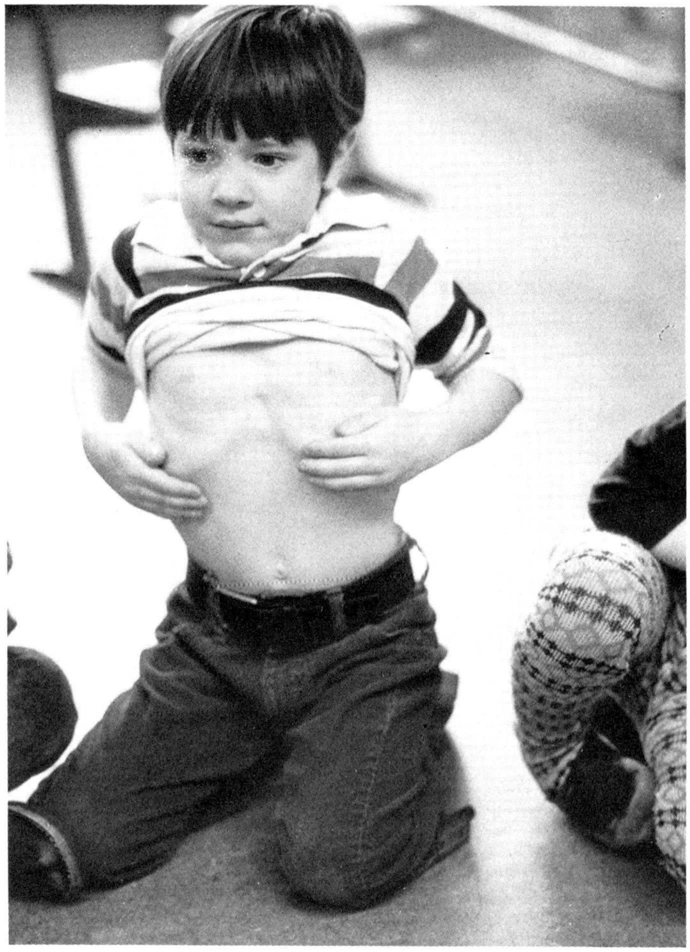

Die Lunge

Heute habe ich eine Schweinelunge mitgebracht. Die Kinder staunen: Was kann das sein? Keiner kommt auf die Idee, bis ich die Lunge aufpuste! Wir sehen, daß unsere Lunge ein großer Schwamm ist mit lauter Löchern; kleine Blutäderchen fließen um die Löcher, um ihre alte verbrauchte Luft abzugeben und frischen Sauerstoff hereinzuholen.

Wir üben das Tiefatmen, sehen und fühlen, wie unsere Rippen hoch und runter gehen.

Ich teile Luftballons aus, wir pusten sie auf, dabei schauen wir unsere Rippen an und fühlen, wie sie sich zusammendrücken. Ohne den Ballon von unseren Lippen zu entfernen, saugen wir die Luft heraus und wieder in die Lungen hinein und fühlen, wie die Rippen sich wieder ausdehnen. An unserem „Heinz" können wir die Schläuche sehen, die vom Herz in die Lunge führen.

Wir sehen auch, daß sich unsere Luftröhre an die Nase anschließt. Ich erkläre, daß unsere Nase zwei ganz wichtige Aufgaben für unsere Lunge ausführt: Erstens wärmt sie die Luft vor. Die kalte Luft würde unserer Lunge sonst weh tun. Zweitens, an den winzigen Härchen in der Nase bleibt viel Schmutz aus der Luft haften, der sonst die Lunge verschmutzen würde. Wir wollen also die Luft immer schön durch die Nase einziehen!

Die Niere

Unsere Nieren sind unser Blutreinigungsapparat. All unser Blut fließt durch dieses Organ, Schmutz und Giftstoffe werden herausgeholt, mit Wasser gemischt und zur Blase geschickt. Dort sammelt sich der Urin, unser Pipi, bis der Blasensack drückt, und es kommt heraus. Meine mitgebrachte Schweineniere riecht sogar ein bißchen nach Urin, als ich sie herumreiche.

Susanne erzählt, daß die Nieren ihres Vaters krank geworden sind und er jeden Tag zum Krankenhaus fahren muß, um sich an die große Blutreinigungsmaschine anzuschließen. Dort wird sein Pipi aus dem Blut herausgeholt. Wenn das Pipi im Blut bleibt, stirbt er.
Wir wollen auf unser Essen achten und unseren Eltern erzählen, daß wir krank werden können, wenn wir zu viele Chemikalien und Giftstoffe essen.

Die Leber

Ich habe eine Schweineleber mitgebracht. Alle Kinder wollen das glitschige Organ anfassen. Ich erkläre, daß die Leber alle giftigen und unverdaulichen Stoffe aus dem Essen entfernt, so daß wir sie ausscheiden können. Bei „Heinz" können wir den Verdauungsweg genau verfolgen. Die Leber sammelt auch Zucker und Vitamine für uns und schüttet diese aus, wenn wir sie brauchen.

Die Knochen

Auf dem Tisch habe ich ausgekochte Knochen vom Rind, Schwein und Geflügel in allen Größen ausgebreitet.
Die Knochen meines Brathähnchens zeigen deutlich, daß sie außen hart und innen schwammig sind.
Wir müssen viel Milch trinken und viel Sonnenschein haben, um die Knochen stark zu machen.

Nachwort

Meine Absicht in diesem Nachwort ist es, zwischen dem pädagogischen Konzept, das die Reform hervorgebracht hat – dem *Situationsansatz* –, und den Anregungen von Nancy Hoenisch zu vermitteln. Ihre Vorschläge erschließen Erfahrungen, die in vielen Kindergärten wegen des andersartigen Schwerpunkts der Reform eher ausgeblendet blieben.

Ein Grundgedanke der Reform war, einem verengten Verständnis von Kindheit und Kindergarten entgegenzuwirken: also nicht Kindheit im luftdicht verschlossenen Raum mit der Bau- und der Puppenecke und all den Ritualen von Beschäftigungspädagogik, sondern Kindheit als Lernen für und in realen Lebenssituationen, Kindergarten als Erfahrungsraum für gestaltbare soziale Wirklichkeit. Mit diesem Gedanken ging ein zweiter einher: Ein erfahrungsoffener Lernort muß sich von einigen pädagogischen Mythen lösen können – als Lernen in Situationszusammenhängen und nicht atomisiertes Lernen; projektorientiertes Lernen und nicht Lernen im starren 45-Minuten-Takt; Lernen als Verbindung von Denken und Handeln anstelle eines ausschließlichen Kopflernens; Lernen als einsichtiges, sozial sinnvolles Geschehen anstelle eines verordneten Lernens.

In den siebziger Jahren haben sich zwei unterschiedliche „Lernkulturen" herausgebildet: in den Kindergärten ein unmittelbar auf Lebenssituationen bezogenes, in den Grundschulen ein an Lernbereichen orientiertes Lernen auch schon im vorfachlichen Unterricht. Das heißt nun nicht, daß aufgeklärte Grundschulpädagogen nicht ähnliche Ziele verfolgen, wie sie in der Kindergartenreform praktiziert werden. Aber es ist dennoch ein Unterschied, ob man – wie auch in den „Vorschulkindern" – von Lernbereichen, also von der Physik, der Mathematik oder der Naturkunde her versucht, erfahrungsorientiert zu arbeiten, oder ob man unmittelbar bei Schlüsselsituationen von Kindern ansetzt und zur Aufklärung und Bewältigung dieser Situationen *auch* Elemente aus den Fächern heranzieht.

Dieser konstruktiv nutzbare Unterschied wird deutlich, wenn man die Praxis von Nancy Hoenisch in ihrer Vorklasse der Berliner John-F.-Kennedy-Schule mit der Praxis reformierter Kindergärten in der Bundesrepublik vergleicht.

Viele der von Nancy Hoenisch angebotenen Erfahrungen lassen sich auf jenen Typus von Situationen beziehen, in denen Wirklichkeit rekonstruiert wird. Und zwar im Wortsinn realistisch, das heißt: nicht zweidimensional, nicht mit dem Bär im Bilderbuch, nicht mit der vorgedruckten Blume im Malheft. Ich meine auch, daß man im Alltag von Kindern Spuren und Anlässe genug entdecken kann, um das meiste von dem, was Nancy Hoenisch an Erkenntnissen Kindern anbietet, in den Rahmen situationsbezogener Planung einzubringen. Befruchtete Eier und ein Brutkasten tauchen dann nicht einfach in der Gruppe auf, sondern sind Stationen eines Erkundungsprozesses, der sich vielleicht von dem Erlebnis ableitet, daß in einer der Familien ein vereinsamtes Wellensittichweibchen seine Eier einfach auf den Käfigboden legte und eben *keine* Jungvögel herauskamen.

Die vielfältigen Formen der aktiven pädagogischen Beteiligung von Eltern, die in den letzten Jahren in Kindergärten entwickelt wurden, sind eine gute Voraussetzung dafür, in die Umsetzung der Anregungen dieses Buches Familien einzubeziehen. Eltern sind kompetent für die meisten der geschilderten Projekte, die Erfahrungen lassen sich nicht nur im Kindergarten, sondern auch zu Hause oder von zu Hause aus ermöglichen. Eltern können mitbetroffen sein, dann beispielsweise, wenn es um die Aufhebung der Verbindung von frühkindlicher Sexualität und Schmutz geht. Sie können Mitlernende sein, wenn sie sich selbst vor Spinnen ekeln oder an die Frage geraten, womit man mitgebrachte Pillendreher zu Hause im Terrarium eigentlich füttert.

Jürgen Zimmer
Professor für Pädagogik
Freie Universität Berlin

Literaturverzeichnis

Adams, Richard/Hooper, Max: Die vier Jahreszeiten in der Natur. Aarau und Frankfurt 1981. Sauerländer

Adrian, Christine/Jonas, Dieter: Haustierbuch für Kinder. Ravensburg 1980. Otto Maier Verlag

Adrian, Christine: Was lebt in unserem Garten? Ravensburg 1983. Otto Maier Verlag

Bang, Preben/Dahlström, Preben: Tierspuren. Tiere erkennen an Fährten, Fraßzeichen, Bauen und Nestern. München 1975. ^{4}1981. BLV Verlagsgesellschaft

Barthelmy, Georgette: Antwortbuch der Zoologie. Hamburg 1976. Tessloff

Bermann, Lucy: Die Natur dachte zuerst daran. Hamburg 1974. Tessloff

Bonsall, George: Das Wetter. Hamburg 1962. Tessloff

Brehm, Alfred: Brehms Neue Tierenzyklopädie. 12 Bände. Prisma/VVA

Bücken, Hajo (Hrsg.): In und mit der Natur. Mit Kindern im Spiel die Natur erkunden. Gelnhausen 1983. Christophorus/Burckhardthaus

Duflos, Solange/Brandicourt, René: Der Wald lebt. Freiburg 1978. ^{11}1984. Herder

Flanagan, Geraldine/Morris, Sean: Nest am Fenster. Reinbek 1978. Carlsen

de Haën, Wolfgang/Moisl, Franz: Wir entdecken Tiere. So leben Tiere in unserer Umgebung. Ravensburg 1977. ^{6}1985. Otto Maier Verlag

Hoenisch, Nancy/Niggemeyer, Elisabeth/Zimmer, Jürgen: Vorschulkinder. Stuttgart 1969. ^{5}1973. Klett

Kaufmann, W.: Biologische Schulgärten. Ihre Organisation, Einrichtung und Unterhaltung. Krefeld 1984. Bezug: DBV Bezirksverband, Krefelder Str. 58, 4150 Krefeld-Hüls

Keller, Helen: Meine Welt. Stuttgart 1908. Robert Lutz Verlag. Nicht mehr lieferbar.

Kloehn, E./Zacharias, F. (Hrsg.): Einrichtung von Biotopen auf dem Schulgelände. Wetzlar 1984. Bezug: Naturschutzzentrum Hessen, Friedenstraße 38, 6330 Wetzlar

Knaurs Tierleben im Wald. München 1979. Droemer

Kreuter, Marie-Luise: Mein biologisches Koch- und Gartenbuch. Ravensburg 1982. Otto Maier Verlag

Leier, Anne: Holt die Schmetterlinge zurück. Umweltschutz beginnt im Alltag. München 1984. Knaur

Lionni, Leo: Fisch ist Fisch. Köln ^{7}1984. Middelhauve

Marquardt, Brunhilde/Mau, Karl-Heinz: Jugendlexikon Umwelt. Reinbek 1984. Rowohlt Taschenbuch Verlag

Meyers Taschenlexikon Biologie. 3 Bände. Bibliographisches Institut 1983

Müller, Jörg: Alle Jahre wieder saust der Preßlufthammer nieder oder Die Veränderung der Landschaft. Aarau und Frankfurt 1973. Sauerländer

Müller, Jörg/Steiner, Jörg: Die Menschen im Meer. Aarau und Frankfurt ^{3}1983. Sauerländer

Nickelsburg, Janet: Die Natur erforschen. Ravensburg 1981. Otto Maier Verlag

Parks, Peter: Das Leben unter Wasser. Hamburg 1978. Tessloff

Pfletschinger, Hans: Einheimische Spinnen. Die Webspinnen – Arten und Verhalten. Stuttgart 1976. ^{3}1983. Franckh'sche Verlagshandlung

Press, Hans Jürgen: Der Natur auf der Spur. Beschäftigung mit Tier und Pflanze. Ravensburg ^{5}1982. Otto Maier Verlag

le Roy, Louis G.: Natur ausschalten, Natur einschalten. Stuttgart 1978. ^{2}1983. Klett-Cotta

de Ruvo, Annika: Was ist in meinem Körper los? Ravensburg ^{2}1981. Otto Maier Verlag

Schauer, Thomas/Caspari, Claus: Farbige Pflanzenwelt nach Blütenfarben erkennen und bestimmen. München 1983. BLV Verlagsgesellschaft

Schloat, G. Warren: The Wonderful Egg. Charles Scribner's Sons. New York 1952

Schmidbauer, Wolfgang: Im Körper zu Hause. Bausteine für eine Öko-Therapie. Frankfurt ^{3}1984. Fischer Taschenbuch Verlag

Schütt, Peter u.a.: So stirbt der Wald. Schadbilder und Krankheitsverlauf. München 1983. BLV Verlagsgesellschaft

Seeßlenn-Hurler, Beate: Tischtuchkleckser & Co. Kinder und Eltern probieren gesunde und leckere Gerichte. Reinbek 1984. Rowohlt Taschenbuch Verlag

Seymour, John: Das große Buch vom Leben auf dem Lande. Ein praktisches Handbuch für Realisten und Träumer. Ravensburg 1978. ^{11}1982. Otto Maier Verlag

Seymour, John: Selbstversorgung aus dem Garten. Wie man seinen Garten natürlich bestellt und gesunde Nahrung erntet. Ravensburg 1979. ^{5}1982. Otto Maier Verlag

Speichert, Horst: Süße Sachen. Ein Rezeptbuch für gesunde Naschereien. Reinbek 1982. Rowohlt Taschenbuch Verlag

Stettler, Paul Heinrich: Handbuch der Terrariumkunde. Terrarientypen, Tiere, Pflanzen, Futter. Stuttgart 1978. ^{2}1981. Franckh'sche Verlagshandlung

Tarnowski, Wolfgang und Katrin: Unser Körper. Hamburg 1974. Tessloff

Weismann, Eberhard/Bertsch, Andreas (Hrsg.): Dynamische Biologie. Reihe. Ravensburg 1975 bis 1980. Otto Maier Verlag

Wieland, Dieter u.a.: Grün kaputt. Landschaft und Gärten der Deutschen. München 1983. ^{5}1984. Raben